FORSCHUNGSBERICHTE DES LANDES NORDRHEIN-WESTFALEN

Nr. 1596

Herausgegeben
im Auftrage des Ministerpräsidenten Dr. Franz Meyers
von Staatssekretär Professor Dr. h. c. Dr. E. h. Leo Brandt

DK 532.59

Dr. Franz Kolberg

Institut für Mathematik und Großrechenanlagen
der Rhein.-Westf. Techn. Hochschule Aachen
Direktor: Prof. Dr. Hubert Cremer

Zur Theorie der Bewegung eines Schiffes bei begrenzten Fahrwasserverhältnissen

SPRINGER FACHMEDIEN WIESBADEN GMBH

ISBN 978-3-663-06623-1   ISBN 978-3-663-07536-3 (eBook)
DOI 10.1007/978-3-663-07536-3

Verlags-Nr. 2011596

© 1966 by Springer Fachmedien Wiesbaden
Ursprünglich erschienen bei Westdeutscher Verlag, Köln und Opladen 1966

Inhalt

Einleitung 7

1. Mathematische Formulierung des Problems 9

2. Die Randbedingungen 13
   - 2.1 Die Randbedingungen an der freien Wasseroberfläche 13
   - 2.2 Die kinematischen Randbedingungen am Kanalboden und an den Kanalwänden 15
   - 2.3 Die kinematischen Randbedingungen an der Schiffsoberfläche 15
   - 2.4 Ausstrahlungs- und Gleichgewichtsbedingungen 16

3. Linearisierung des Randwertproblems 17
   - 3.1 Entwicklung für die Gleichung der Schiffsoberfläche 17
   - 3.2 Entwicklung der Randbedingung am Kanalboden 18
   - 3.3 Entwicklung der Randbedingungen an den Kanalwänden 19
   - 3.4 Entwicklung der dynamischen Bedingung an der freien Wasseroberfläche 20
   - 3.5 Entwicklung der kinematischen Bedingung an der freien Wasseroberfläche 22
   - 3.6 Entwicklung der kinematischen Bedingung an der Schiffsoberfläche 24

4. Allgemeine Formulierung des Bewegungsvorganges als lineares Randwertproblem 26

5. Die Greenschen Funktionen des Randwertproblems 28

6. Die Lösung des Randwertproblems 32

7. Berechnung der hydrodynamischen Kräfte und Momente 33

8. Bestimmung der einzelnen Störpotentiale 36

9. Potenzreihenentwicklung für Wellenwiderstand, Auftriebskraft und Moment M_y 40

10. Entwicklung der Gleichgewichtsbedingungen in Potenzreihen nach den Störparametern 42

Literaturverzeichnis 45

Einleitung

Die vorliegende Arbeit ist den hydrodynamischen Vorgängen gewidmet, welche bei der Bewegung eines Schiffes in einem Kanal beliebigen, über die Kanallängsachse konstanten und zur Kanalmitte symmetrischen Querschnittes auftreten. Hierbei setzen wir die betrachtete Strömung als inkompressibel, reibungs- und wirbelfrei voraus. Obschon die Einschränkungen bezüglich des Kanalquerschnittes entbehrlich sind [3], so bringen sie doch so entscheidende Vereinfachungen der Theorie, daß die gesonderte Lösung dieses Problems wünschenswert erscheint. Der wesentlichste Vorteil der oben genannten Einschränkungen ist der, daß das Problem des mit konstanter Geschwindigkeit c in Richtung der Kanallängsachse fahrenden Schiffes stationär wird, wenn man sich auf ein sich mit der Geschwindigkeit c bewegendes Inertialsystem bezieht. In anderer Weise läßt sich bei den obigen Voraussetzungen das Problem auch so auffassen, daß ein in Kanalmitte ruhendes Schiff von einer gleichförmigen Strömung mit der Strömungsgeschwindigkeit $-c$ angeströmt wird. In dieser letzten, zur ersten völlig äquivalenten Weise werden wir hier unser Problem behandeln.

Bislang wurden in der Schiffstheorie nur Kanäle mit rechteckigem Querschnitt und horizontalem Boden behandelt [4], weil hier die auftretenden Randwertprobleme mit Hilfe des Spiegelungsprinzips lösbar sind. Obschon von verschiedenen Seiten der Wunsch nach einer allgemeineren, den Kanal mit symmetrischem Querschnitt erfassenden Theorie geäußert wurde, scheinen Bemühungen in dieser Richtung bisher nicht erfolgreich gewesen zu sein. Das ist im wesentlichen darauf zurückzuführen, daß

1. die Randbedingungen an der freien Wasseroberfläche, deren Gleichung überdies a priori nicht bekannt ist, nicht linear sind,
2. die Randbedingungen an den gekrümmten Kanalwänden und dem Kanalboden auf gekoppelte Integrodifferentialgleichungssysteme führen.

Diese Schwierigkeiten werden in der vorliegenden Arbeit dadurch umgangen, daß eine allgemeine Störungstheorie des Problems entwickelt wird. Die hier verwendeten Störungsparameter ε_1, ε_2, ε_3 kennzeichnen der Reihe nach die Breite des Schiffes, die maximale Abweichung des Kanalbodens von einem horizontalen Boden und die maximale Abweichung der Kanalwände von parallelen vertikalen Kanalwänden. Durch Einführung dieser Störungsparameter wird unser Randwertproblem zurückgeführt auf ein lineares mit bekannten ebenen Begrenzungsflächen. Allerdings ist dieses Problem nur sukzessiv lösbar, so daß also die zu den entsprechenden Potenzen der Störparameter gehörigen Lösungsfunktionen der Reihe nach bestimmt werden müssen. In welcher Weise dies zu geschehen hat, wird im folgenden aufgezeigt. Darüber hinaus werden Formeln zur Bestimmung der Kräfte und Momente entwickelt, die auf das Schiff einwirken. Insbesondere zur Berechnung des Wellenwiderstandes und der Trimm- und Tauchungsänderung des Schiffes werden Formeln ermittelt. Es möge hier noch erwähnt werden, daß die Störungstheorie in einer berühmten Arbeit von PETERS und STOKER [6] zum ersten Male zur Behandlung der Bewegung eines Schiffes im Seegang erfolgreich angewandt wurde. PETERS und STOKER verwandten hierbei das Verhältnis der Schiffsbreite zur Schiffslänge als Störparameter. Sehr sorgfältige Untersuchungen zur Anwendung der Störungstheorie auf schiffstheoretische Probleme führte WEHAUSEN [8–10] durch, wobei auch er den gleichen Störparameter wie PETERS und STOKER verwandte. Mit Hilfe desselben Störparameters untersuchte SISOW [7] die Bewegung eines Schiffes mit konstanter Geschwindigkeit auf ruhendem Wasser. Eine mehrparametrige Störungstheorie wurde von NEWMAN [5] zur Bestimmung der Bewegung eines Schiffes im Seegang verwandt.

1. Mathematische Formulierung des Problems

Unseren Überlegungen legen wir ein raumfestes kartesisches x–y–z-Koordinatensystem zugrunde. Die x-Achse weise in die Fahrtrichtung des Schiffes, die x–y-Ebene falle mit der Wasseroberfläche zusammen, wenn die Flüssigkeit sich im ungestörten Gleichgewichtszustand befindet, die z-Achse stehe senkrecht zur x–y-Ebene und weise nach oben. Neben diesem raumfesten x–y–z-System führen wir noch das mit dem Schiff fest verbundene x'–y'–z'-Koordinatensystem ein, das im ungestörten Gleichgewichtszustand mit dem x–y–z-System zusammenfallen soll, und dessen x'–z'-Ebene Symmetrieebene des Schiffes sei. Die Lage dieses Systems gegenüber dem raumfesten x–y–z-System ist aus Abb. 1 ersichtlich. Bezeichnen wir die infolge der Wirkung der hydrodynamischen Kräfte hervorgerufene Änderung des Tiefganges mit t und die des Trimmwinkels mit α, so bestehen zwischen den beiden Systemen die Beziehungen:

$$(1.1) \quad \begin{aligned} x' &= x\cos\alpha + (z-t)\sin\alpha & x &= x'\cos\alpha - z'\sin\alpha \\ y' &= y & y &= y' \\ z' &= -x\sin\alpha + (z-t)\cos\alpha, & z &= x'\sin\alpha + z'\cos\alpha + t. \end{aligned}$$

Wegen der später vorzunehmenden Linearisierung betrachten wir nicht nur einen einzelnen Bewegungsvorgang, sondern eine von drei Parametern $\varepsilon_1, \varepsilon_2, \varepsilon_3$ abhängige Schar von Bewegungsvorgängen.

Der Parameter ε_1 werde eingeführt durch die Gleichung der Schiffsoberfläche. Im schiffsfesten Koordinatensystem sei die Schiffsoberfläche gegeben durch

$$(1.2) \quad \begin{aligned} y' &= \pm \varepsilon_1 f_0(x', z') & \text{für} \quad (x', z') &\in A_0, \\ y' &\equiv 0 & \text{für} \quad (x', z') &\notin A_0. \end{aligned}$$

Hierbei ist A_0 das Gebiet des Mittellängsschnittes des Schiffes, dessen Begrenzung durch

$$(1.3) \quad z' = T_0(x') \quad \text{für} \quad x' \in L_0.$$

gegeben ist.

ε_1 ist ein Störungsparameter, der die Querabmessungen des Schiffes charakterisiert, L_0 ist die Länge des Schiffes in der Wasserlinie. Im ortsfesten x–y–z-Koordinatensystem lautet mit (2) die Gleichung des vom Wasser tatsächlich benetzten Teils der Schiffsoberfläche

$$(1.4) \quad \begin{aligned} y &= \pm f(x, z; \varepsilon_1, \varepsilon_2, \varepsilon_3) = \pm \varepsilon_1 f_0[x\cos\alpha + (z-t)\sin\alpha, -x\sin\alpha + (z-t)\cos\alpha] \\ &\qquad\qquad\qquad\qquad\qquad \text{für} \quad (x, z) \in D(\varepsilon_1, \varepsilon_2, \varepsilon_3), \\ y &= f(x, z; \varepsilon_1, \varepsilon_2, \varepsilon_3) \equiv 0 \qquad\quad \text{für} \quad (x, z) \notin D(\varepsilon_1, \varepsilon_2, \varepsilon_3), \end{aligned}$$

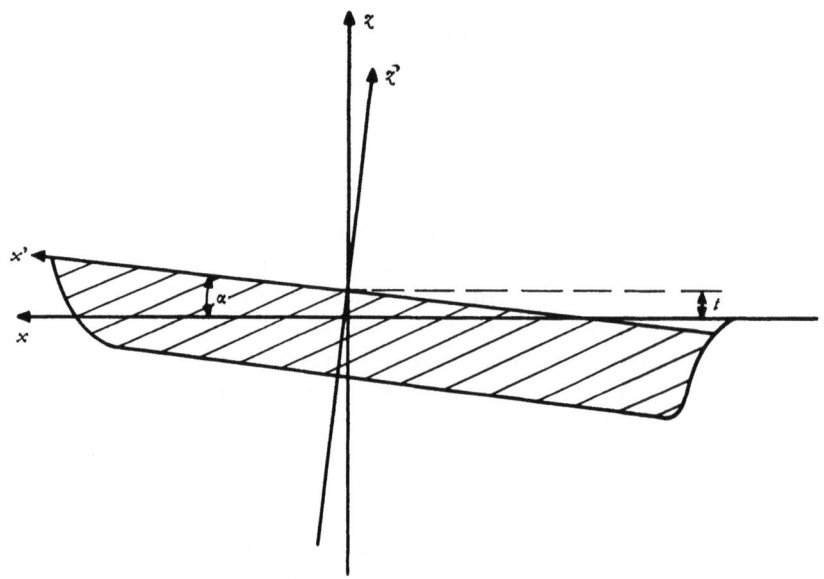

Abb. 1   Die verschiedenen Koordinatensysteme

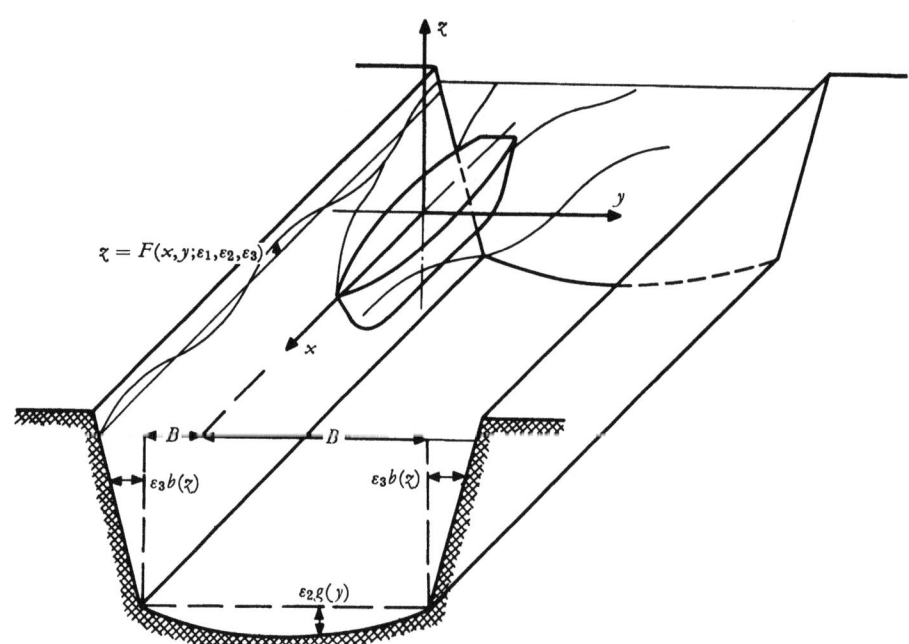

Abb. 2   Die für den Kanalquerschnitt charakteristischen Funktionen

und die Gleichung der Begrenzung des Mittellängsschnittes

(1.5) $\quad -x \sin \alpha + (z-t) \cos \alpha - T_0(x \cos \alpha + (z-t) \sin \alpha) = 0$

$$x \in L(\varepsilon_1, \varepsilon_2, \varepsilon_3).$$

Hierbei ist $D(\varepsilon_1, \varepsilon_2, \varepsilon_3)$ die Projektion des benetzten Teils der Schiffsoberfläche auf die x-z-Ebene und $L(\varepsilon_1, \varepsilon_2, \varepsilon_3)$ die Schnittlinie der Flächen $D(\varepsilon_1, \varepsilon_2, \varepsilon_3)$ und $z = 0$, wobei berücksichtigt wurde, daß die Funktion f sowie die Größen α, t, D und L neben ε_1 auch von den sogleich einzuführenden Störparametern ε_2 und ε_3 abhängen. Ferner sei

(1.6) $\quad\quad z = -h - \varepsilon_2 g(y) \quad \text{für} \quad -B < y < B$

die Gleichung des Kanalbodens im ortsfesten x-y-z-System, wobei

(1.7) $\quad\quad g(-y) = g(y) \quad \text{und} \quad g(B) = 0$

sei. Es ist also $2B$ die Breite des Kanals in der Tiefe $z = -h$, und ε_2 charakterisiert die maximale Abweichung des Kanalbodens von der horizontalen Ebene $z = -h$.

Schließlich seien

(1.8) $\quad\quad y = B + \varepsilon_3 b(z) \quad \text{und} \quad y = -B - \varepsilon_3 b(z) \quad \text{mit} \quad -h \leq z$

die Gleichungen der Kanalwände im ortsfesten x-y-z-System, wobei

(1.9) $\quad\quad\quad\quad b(-h) = 0$

sei und also ε_3 die maximale Abweichung der Kanalwände von den Ebenen $y = B$ bzw. $y = -B$ charakterisiert. Anschaulich ist die Bedeutung der einzelnen Größen aus Abb. 2 ersichtlich.

Damit sind nun sämtliche Störparameter eingeführt, und es ist klar, daß die verschiedenen, zum Strömungsvorgang gehörigen physikalischen Größen von den drei Störparametern $\varepsilon_1, \varepsilon_2, \varepsilon_3$ abhängen werden.

Für die Einführung dieser Störparameter war ein Gesichtspunkt besonders wesentlich. Betrachten wir, wie es ja geschehen sollte, die gleichförmige (oder beschleunigte) Bewegung unseres Schiffes mit der Geschwindigkeit c in Richtung der positiven x-Achse, so geht der Bewegungsvorgang unter der Voraussetzung der Reibungsfreiheit für $\varepsilon_1 \to 0$ in den ungestörten Gleichgewichtszustand über. Ruht andererseits das Schiff in dem mit der konstanten Strömungsgeschwindigkeit $-c$ parallel zur x-Achse durchströmten Kanal, so wird unter Voraussetzung der Reibungsfreiheit für $\varepsilon_1 \to 0$ die gleichförmige Grundströmung mit der Strömungsgeschwindigkeit $-c$ erhalten. Nach diesen Ausführungen wollen wir jetzt zur Beschreibung des Strömungsfeldes und zur Herleitung der Randbedingungen übergehen.

Ruht das Schiff in einer Kanalströmung mit der konstanten Strömungsgeschwindigkeit $-c$ parallel zur x-Achse, so ist der gesamte Strömungsvorgang zunächst stationär und das Geschwindigkeitsfeld kann durch die Vektorfunktion

(1.10) $\quad \mathfrak{v}(x, y, z; \varepsilon_1, \varepsilon_2, \varepsilon_3)$
$= \{v_x(x, y, z; \varepsilon_1, \varepsilon_2, \varepsilon_3), v_y(x, y, z; \varepsilon_1, \varepsilon_2, \varepsilon_3), v_z(x, y, z; \varepsilon_1, \varepsilon_2, \varepsilon_3)\}$

beschrieben werden. Setzen wir weiter voraus, daß die Flüssigkeit inkompressibel und reibungsfrei und die entstehende Flüssigkeitsbewegung wirbelfrei ist, so läßt sich das Geschwindigkeitsfeld im Flüssigkeitsbereich als Gradientenfeld einer Potentialfunktion darstellen, es gilt also:

(1.11) $\quad \mathfrak{v}(x, y, z; \varepsilon_1, \varepsilon_2, \varepsilon_3) = \operatorname{grad} \Phi = \nabla \Phi,$

wobei

(1.12) $\quad \Phi(x, y, z; \varepsilon_1, \varepsilon_2, \varepsilon_3) = -cx + \varphi(x, y, z; \varepsilon_1, \varepsilon_2, \varepsilon_3)$

und $\varphi(x, y, z; \varepsilon_1, \varepsilon_2, \varepsilon_3)$ im Flüssigkeitsbereich der Potentialgleichung

(1.13) $\quad \nabla^2 \varphi = \varphi_{xx} + \varphi_{yy} + \varphi_{zz} = 0$

genügt. Mit (11) und (12) gilt also für die Komponenten der Strömungsgeschwindigkeit:

(1.14) $\quad v_x = -c + \varphi_x; \qquad v_y = \varphi_y; \qquad v_z = \varphi_z.$

Sind nun $p(x, y, z; \varepsilon_1, \varepsilon_2, \varepsilon_3)$ der Druck, g die Erdbeschleunigung und ϱ die Dichte der Flüssigkeit, so gilt im Flüssigkeitsbereich die Bernoulli-Gleichung:

(1.15) $\quad \dfrac{p}{\varrho} + gz - c\,\varphi_x + \dfrac{1}{2}(\varphi_x^2 + \varphi_y^2 + \varphi_z^2) = 0.$

Ist φ bekannt, so können hieraus der Druck p bestimmt und durch Integration über die Schiffsoberfläche die auf das Schiff einwirkenden hydrodynamischen Kräfte ermittelt werden.

Die Gleichung der freien Wasseroberfläche nehmen wir in der Form

(1.16) $\quad z = F(x, y; \varepsilon_1, \varepsilon_2, \varepsilon_3)$

an. Hierbei ist die Funktion F zunächst unbekannt; ihre Bestimmung stellt eine Teilaufgabe unseres Problems dar.

2. Die Randbedingungen

Es sei

(2.1) $\quad G(x, y, z; \varepsilon_1, \varepsilon_2, \varepsilon_3) = 0$

die Gleichung einer beliebigen, den Flüssigkeitsbereich begrenzenden Fläche. An dieser Fläche muß dann die kinematische Bedingung

(2.2) $\quad \dfrac{dG}{dt} = (-c + \varphi_x) G_x + \varphi_y G_y + \varphi_z G_z = 0$

$\quad\quad\quad$ für $\quad G(x, y, z; \varepsilon_1, \varepsilon_2, \varepsilon_3) = 0$

erfüllt sein, welche aussagt, daß für jeden Punkt der Fläche die Normalgeschwindigkeit der Flüssigkeitsteilchen gleich der Normalgeschwindigkeit des Flächenpunktes ist. Da hier die Begrenzungsfläche raumfest ist, muß diese Geschwindigkeit verschwinden.

2.1 Die Randbedingungen an der freien Wasseroberfläche

An der freien Wasseroberfläche

(2.3) $\quad z = F(x, y; \varepsilon_1, \varepsilon_2, \varepsilon_3)$

muß zunächst die dynamische Bedingung

(2.4) $\quad p(x, y, z; \varepsilon_1, \varepsilon_2, \varepsilon_3) = 0 \quad \text{für} \quad z = F(x, y; \varepsilon_1, \varepsilon_2, \varepsilon_3)$

erfüllt sein, d. h. der Druck an der freien Wasseroberfläche ist gleich dem konstanten Luftdruck, wobei der letztere ohne Einschränkung der Allgemeinheit zu Null angenommen werden kann.
Mittels der Bernoulli-Gleichung (1.15) erhält man für (2.4) auch:

(2.5) $\quad F(x, y; \varepsilon_1, \varepsilon_2, \varepsilon_3) - \dfrac{c}{g} \varphi_x(x, y, z; \varepsilon_1, \varepsilon_2, \varepsilon_3) + \dfrac{1}{2g} \nabla \varphi \nabla \varphi = 0$

$\quad\quad\quad$ für $\quad z = F(x, y; \varepsilon_1, \varepsilon_2, \varepsilon_3),$

wobei mit

(2.6) $\quad\quad\quad \nabla \varphi = \left\{ \dfrac{\partial}{\partial x}, \dfrac{\partial}{\partial y}, \dfrac{\partial}{\partial z} \right\}$

der Nabla-Operator bezeichnet wurde. (2.5) kann auch in der Form

(2.7) $\quad F(x, y; \varepsilon_1, \varepsilon_2, \varepsilon_3) = -\dfrac{1}{g}\left[-c\varphi_x + \dfrac{1}{2}\nabla\varphi\nabla\varphi\right]_{z = F(x, y; \varepsilon_1, \varepsilon_2, \varepsilon_3)}$

geschrieben werden, woraus man die Ableitungen der Funktion F nach x und y zu

(2.8) $\quad \dfrac{\partial F}{\partial x} = \left[\dfrac{-\dfrac{\partial}{\partial x}\left(-c\dfrac{\partial\varphi}{\partial x} + \dfrac{1}{2}\nabla\varphi\nabla\varphi\right)}{g + \dfrac{\partial}{\partial z}\left(-c\dfrac{\partial\varphi}{\partial x} + \dfrac{1}{2}\nabla\varphi\nabla\varphi\right)}\right]_{z = F(x, y; \varepsilon_1, \varepsilon_2, \varepsilon_3)}$,

(2.9) $\quad \dfrac{\partial F}{\partial y} = \left[\dfrac{-\dfrac{\partial}{\partial y}\left(-c\dfrac{\partial\varphi}{\partial x} + \dfrac{1}{2}\nabla\varphi\nabla\varphi\right)}{g + \dfrac{\partial}{\partial z}\left(-c\dfrac{\partial\varphi}{\partial x} + \dfrac{1}{2}\nabla\varphi\nabla\varphi\right)}\right]_{z = F(x, y; \varepsilon_1, \varepsilon_2, \varepsilon_3)}$

erhält.

Neben der dynamischen Bedingung (2.6) oder (2.7) ist an der freien Wasseroberfläche $z = F(x,y; \varepsilon_1, \varepsilon_2, \varepsilon_3)$ noch die kinematische Randbedingung zu erfüllen, welche sich aus (2.2) mit

$$G(x, y, z; \varepsilon_1, \varepsilon_2, \varepsilon_3) \equiv F(x, y; \varepsilon_1, \varepsilon_2, \varepsilon_3) - z$$

zu

(2.10) $\quad (-c + \varphi_x)F_x + \varphi_y F_y - \varphi_z = 0 \quad$ für $\quad z = F(x, y; \varepsilon_1, \varepsilon_2, \varepsilon_3)$

ergibt. Setzen wir in (2.10) für die Ableitungen F_x und F_y die Ausdrücke (2.8) und (2.9) ein, so erhalten wir als Randbedingung an der freien Wasseroberfläche:

(2.11) $\quad \varphi_z + \dfrac{c^2}{g}\varphi_{xx} = 2\,\dfrac{c}{g}\nabla\varphi\nabla\varphi_x - \dfrac{1}{2g}\nabla\varphi\nabla(\nabla\varphi\nabla\varphi)$

$\quad$ für $\quad z = F(x, y; \varepsilon_1, \varepsilon_2, \varepsilon_3)$.

Dies ist die exakte Bedingung an der freien Wasseroberfläche, wobei, wie bereits erwähnt, die in der Gleichung $z = F(x,y; \varepsilon_1, \varepsilon_2, \varepsilon_3)$ auftretende Funktion F zunächst unbekannt ist. Da nun die freie Wasseroberfläche von der Horizontalebene $z = 0$ nur wenig abweichen wird und insbesondere für $\varepsilon_1 \to 0$ in diese übergeht, erscheint es wünschenswert, aus (2.11) eine näherungsweise Randbedingung herzuleiten, welche an der Fläche $z = 0$ zu erfüllen ist. Hierzu werde angenommen, daß die Potentialfunktion $\varphi(x,y,z; \varepsilon_1, \varepsilon_2, \varepsilon_3)$ in der Umgebung von $z = 0$ in eine Reihe nach Potenzen von z entwickelbar ist, und daß diese Reihe mindestens im Bereich von $z = 0$ bis $z = F(x,y; \varepsilon_1, \varepsilon_2, \varepsilon_3)$ konvergiert.

Ferner nehmen wir an, daß die Ableitungen der Funktion φ in den Größen $\varepsilon_1, \varepsilon_2, \varepsilon_3$ von der gleichen Ordnung wie die Funktion φ selbst sind. Dann gilt also:

(2.12) $\quad \varphi(x, y, F; \varepsilon_1, \varepsilon_2, \varepsilon_3) = \varphi(x, y, 0; \varepsilon_1, \varepsilon_2, \varepsilon_3) + F\left(\dfrac{\partial \varphi}{\partial z}\right) + \cdots$

für $z = 0$,

und mit (2.7) erhalten wir aus (2.11):

(2.13) $\quad \varphi_z + \dfrac{c^2}{g} \varphi_{xx} = 2 \dfrac{c}{g} \nabla \varphi \nabla \varphi_x - \dfrac{c}{g} \varphi_x \left(\varphi_{zz} + \dfrac{c^2}{g} \varphi_{xxz} \right) + O(\varphi^3)$

für $z = 0$.

Damit ist eine Näherung für die Randbedingung an der freien Wasseroberfläche abgeleitet, welche für unsere Zwecke ausreicht.

2.2 Die kinematischen Randbedingungen am Kanalboden und an den Kanalwänden

In der gleichen Weise wie vorhin können die kinematischen Randbedingungen am Kanalboden und den Kanalwänden mittels (2.2) durch Spezialisierung auf die jeweiligen Begrenzungsflächen erhalten werden. Mit

$$G(x, y, z; \varepsilon_1, \varepsilon_2, \varepsilon_3) \equiv h + z + \varepsilon_2 g(y)$$

ergibt sich aus (2.2) als kinematische Randbedingung am Kanalboden:

(2.14) $\quad \varphi_z + \varepsilon_2 \varphi_y g_y = 0 \quad \text{für} \quad z = -h - \varepsilon_2 g(y)$

und mit

$$G(x, y, z; \varepsilon_1, \varepsilon_2, \varepsilon_3) \equiv -y + B + \varepsilon_3 b(z)$$
$$\text{bzw.} \quad G(x, y, z; \varepsilon_1, \varepsilon_2, \varepsilon_3) \equiv y + B + \varepsilon_3 b(z)$$

als kinematische Randbedingung an den Kanalwänden

(2.15) $\quad \begin{aligned} \varphi_y - \varepsilon_3 \varphi_z b_z &= 0 \quad \text{für} \quad y = B + \varepsilon_3 b(z), \\ \varphi_y + \varepsilon_3 \varphi_z b_z &= 0 \quad \text{für} \quad y = -B - \varepsilon_3 b(z). \end{aligned}$

2.3 Die kinematischen Randbedingungen an der Schiffsoberfläche

Aus (2.2) erhält man mit

$$G(x, y, z; \varepsilon_1, \varepsilon_2, \varepsilon_3) \equiv -y \pm f(x, z; \varepsilon_1, \varepsilon_2, \varepsilon_3)$$

als kinematische Randbedingung an der Schiffsoberfläche:

(2.16) $\quad [\pm(-c+\varphi_x)f_x - \varphi_y \pm \varphi_z f_z]_{y=\pm f(x,z;\varepsilon_1,\varepsilon_2,\varepsilon_3)} = 0$

$$\text{für } (x,z) \in D(\varepsilon_1,\varepsilon_2,\varepsilon_3),$$

wobei $D(\varepsilon_1,\varepsilon_2,\varepsilon_3)$ der unterhalb der Wasseroberfläche $z = F(x,y;\varepsilon_1,\varepsilon_2,\varepsilon_3)$ liegende Teil der Mittschiffsebene ist.

2.4 Ausstrahlungs- und Gleichgewichtsbedingungen

Da Trimmwinkel α und Tauchung t unseren Vorgang beeinflussen und mithin als zusätzliche Unbekannte auftreten, müssen zu ihrer Bestimmung zwei zusätzliche Bedingungsgleichungen aufgestellt werden. Als solche können die Gleichgewichtsbedingungen für die auf das Schiff einwirkenden Kräfte dienen, und zwar die Komponentenbedingung in z-Richtung und die Momentenbedingung bezogen auf die y-Achse. Führen wir die folgenden Bezeichnungen ein:

γ $\qquad$ spez. Gewicht des Wassers,
$\varepsilon_1 V_0$ $\qquad$ Volumen des in stillem Wasser liegenden Unterwasserschiffes,
$\varepsilon_1 \gamma V_0$ $\qquad$ Deplacement, Gesamtgewicht des Schiffes,
$A(\varepsilon_1,\varepsilon_2,\varepsilon_3)$ $\qquad$ Auftrieb, Vertikalkomponente der hydrodynamischen Kräfte,
$V(\varepsilon_1,\varepsilon_2,\varepsilon_3)$ $\qquad$ Volumen des angeströmten Schiffes, Verdrängung,
x_g $\qquad$ x'-Koordinate des Gewichtsschwerpunktes,
z_g $\qquad$ z'-Koordinate des Gewichtsschwerpunktes,
$x_c(\varepsilon_1,\varepsilon_2,\varepsilon_3)$ $\qquad$ x-Koordinate des Verdrängungsschwerpunktes,
$M(\varepsilon_1,\varepsilon_2,\varepsilon_3)$ $\qquad$ Moment der hydrodynamischen Kräfte um die y-Achse,

so lauten die Komponentenbedingung in z-Richtung:

(2.17) $\quad -\varepsilon_1 \gamma V_0 + A(\varepsilon_1,\varepsilon_2,\varepsilon_3) + \gamma V(\varepsilon_1,\varepsilon_2,\varepsilon_3) = 0,$

die Momentenbedingung bezogen auf die y-Achse:

(2.18) $\quad -\varepsilon_1 \gamma V_0 x_g + M(\varepsilon_1,\varepsilon_2,\varepsilon_3) + \gamma V(\varepsilon_1,\varepsilon_2,\varepsilon_3) x_c(\varepsilon_1,\varepsilon_2,\varepsilon_3) = 0.$

Zur eindeutigen Festlegung der gesuchten Potentialfunktion φ und damit auch der übrigen Größen reichen die bisher aufgestellten Bedingungen noch nicht aus; vielmehr muß noch eine Bedingung im Unendlichen, die Ausstrahlungsbedingung

(2.19) $\quad \nabla \varphi \to 0 \quad \text{für} \quad x \to +\infty$

hinzukommen, welche ausdrückt, daß vor dem Schiff die Störungen der gleichförmigen Anströmung mit wachsendem x abklingen.

3. Linearisierung des Randwertproblems

Wir nehmen nunmehr an, daß alle im Zusammenhang mit unserem Bewegungsvorgang auftretenden Größen in für hinreichend kleine $\varepsilon_1, \varepsilon_2, \varepsilon_3$ konvergente Potenzreihen nach den Parametern $\varepsilon_1, \varepsilon_2, \varepsilon_3$ entwickelt werden können. Dabei ist zu berücksichtigen, daß

(3.1) $\quad \varphi(x, y, z; 0; \varepsilon_2, \varepsilon_3) = F(x, y; 0, \varepsilon_2, \varepsilon_3) = f(x, z; 0, \varepsilon_2, \varepsilon_3) \equiv 0,$
$\quad \alpha(0, \varepsilon_2, \varepsilon_3) = t(0, \varepsilon_2, \varepsilon_3) \equiv 0$

gilt. Schrumpft nämlich das Schiff auf die Mittschiffsebene zusammen, so treten keine Störungen der gleichförmigen Grundströmung mit der Strömungsgeschwindigkeit $-c$ auf.

Daher nehmen wir die Gültigkeit der folgenden Reihenentwicklungen an:

(3.2) $\quad \varphi(x, y, z; \varepsilon_1, \varepsilon_2, \varepsilon_3) = \sum_{i=1; j, k=0}^{\infty} \varepsilon_1^i \varepsilon_2^j \varepsilon_3^k \varphi_{ijk}(x, y, z),$

(3.3) $\quad F(x, y; \varepsilon_1, \varepsilon_2, \varepsilon_3) = \sum_{i=1; j, k=0}^{\infty} \varepsilon_1^i \varepsilon_2^j \varepsilon_3^k F_{ijk}(x, y),$

(3.4) $\quad f(x, z; \varepsilon_1, \varepsilon_2, \varepsilon_3) = \sum_{i=1; j, k=0}^{\infty} \varepsilon_1^i \varepsilon_2^j \varepsilon_3^k f_{ijk}(x, z),$

(3.5) $\quad \alpha(\varepsilon_1, \varepsilon_2, \varepsilon_3) = \sum_{i=1; j, k=0}^{\infty} \varepsilon_1^i \varepsilon_2^j \varepsilon_3^k \alpha_{ijk},$

(3.6) $\quad t(\varepsilon_1, \varepsilon_2, \varepsilon_3) = \sum_{i=1; j, k=0}^{\infty} \varepsilon_1^i \varepsilon_2^j \varepsilon_3^k t_{ijk}.$

Durch Entwicklung der Rand- wie auch der Gleichgewichtsbedingungen von Abschnitt 2 nach Potenzen von $\varepsilon_1, \varepsilon_2, \varepsilon_3$ erhält man die Bedingungen, denen die Koeffizienten dieser Reihenentwicklungen genügen müssen.

3.1 Entwicklung für die Gleichung der Schiffsoberfläche

Nach (1.4) gilt

$f(x, z; \varepsilon_1, \varepsilon_2, \varepsilon_3) = \varepsilon f_0[x \cos \alpha + (z - t) \sin \alpha, -x \sin \alpha + (z - t) \cos \alpha]$
(3.7) $\hspace{4cm}$ für $(x, z) \in D(\varepsilon_1, \varepsilon_2, \varepsilon_3).$

Beachtet man die Reihenentwicklungen (3.5) und (3.6) für α und t, so ergibt sich als Entwicklung der Funktion f nach Potenzen von ε_1, ε_2, ε_3:

$$f(x, z; \varepsilon_1, \varepsilon_2, \varepsilon_3)$$
$$= \varepsilon_1 f_0(x, z) + \varepsilon_1 \varepsilon_2 [0] + \varepsilon_1 \varepsilon_3 [0] + \varepsilon_1 \varepsilon_2 \varepsilon_3 [0]$$
$$+ \sum_{j,k=0}^{1} \varepsilon_1^2 \varepsilon_2^j \varepsilon_3^k [\alpha_{1jk} \{z f_{0x}(x, z) - x f_{0z}(x, z)\} - t_{1jk} f_{0z}(x, z)] + \cdots.$$

Mithin ist in (3.4):

(3.9) $f_{100}(x, z) = f_0(x, z),$

(3.10) $f_{1jk}(x, z) = 0$ für $0 \leq j, k \leq 1$, Ausnahme $j = k = 0$,

(3.11) $f_{2jk}(x, z) = \alpha_{1jk} \{z f_{0x}(x, z) - x f_{0z}(x, z)\} - t_{1jk} f_{0z}(x, z)$
$$\text{für} \quad 0 \leq j, k \leq 1.$$

3.2 Entwicklung der Randbedingung am Kanalboden

Aus der kinematischen Bedingung (2.14) am Kanalboden

$$\varphi_z + \varepsilon_2 \varphi_y g_y = 0 \quad \text{für} \quad z = -h - \varepsilon_2 g(y)$$

folgt durch Entwicklung nach Potenzen von ε_1, ε_2, ε_3:

$\varepsilon_1 [\varphi_{100z}(x, y, -h)] + \varepsilon_1 \varepsilon_2 [\varphi_{110z}(x, y-h) + \varphi_{100y}(x, y, -h) g_y(y)$
$- \varphi_{100zz}(x, y, -h) g(y)]$
$+ \varepsilon_1 \varepsilon_3 [\varphi_{101z}(x, y, -h)] + \varepsilon_1 \varepsilon_2 \varepsilon_3 [\varphi_{111z}(x, y, -h) + \varphi_{101y}(x, y, -h) g_y(y)$
$- \varphi_{101zz}(x, y, -h) g(y)]$
$+ \varepsilon_1^2 [\varphi_{200z}(x, y, -h)] + \varepsilon_1^2 \varepsilon_2 [\varphi_{210z}(x, y, -h) + \varphi_{200y}(x, y, -h) g_y(y)$
$- \varphi_{200zz}(x, y, -h) g(y)]$
$+ \varepsilon_1^2 \varepsilon_3 [\varphi_{201z}(x, y, -h)] + \varepsilon_1^2 \varepsilon_2 \varepsilon_3 [\varphi_{211z}(x, y, -h) + \varphi_{201y}(x, y, -h) g_y(y)$
$- \varphi_{201zz}(x, y, -h) g(y)] + \ldots = 0.$

Hieraus folgen für die einzelnen Potentialfunktionen die Randbedingungen:

(3.12) $\quad \varphi_{ijkz}(x, y, -h) = g_{ijk}(x, y) \quad$ für $\quad \begin{cases} -B < y < B \\ -\infty < x < +\infty \\ i \geq 1; j, k \geq 0, \end{cases}$

wobei

$$g_{100}(x, y) \equiv 0,$$
$$g_{110}(x, y) \equiv -\varphi_{100y}(x, y, -h) g_y(y) + \varphi_{100zz}(x, y, -h) g(y),$$
$$g_{101}(x, y) \equiv 0,$$
(3.13)
$$g_{111}(x, y) \equiv -\varphi_{101y}(x, y, -h) g_y(y) + \varphi_{101zz}(x, y, -h) g(y),$$
$$g_{200}(x, y) \equiv 0,$$
$$g_{210}(x, y) \equiv -\varphi_{200y}(x, y, -h) g_y(y) + \varphi_{200zz}(x, y, -h) g(y),$$
$$g_{201}(x, y) \equiv 0,$$
$$g_{211}(x, y) \equiv -\varphi_{201y}(x, y, -h) g_y(y) + \varphi_{201zz}(x, y, -h) g(y),$$
$$\ldots\ldots\ldots\ldots$$

3.3 Entwicklung der Randbedingungen an den Kanalwänden

Aus der kinematischen Bedingung (2.15) an den Kanalwänden

$$\mp \varphi_y + \varepsilon_3 \varphi_z b_z = 0 \quad \text{für} \quad y = \pm B \pm \varepsilon_3 b(z)$$

folgt durch Entwicklung nach Potenzen von $\varepsilon_1, \varepsilon_2, \varepsilon_3$:

$\varepsilon_1 [\mp \varphi_{100y}(x, \pm B, z)] + \varepsilon_1 \varepsilon_2 [\mp \varphi_{110y}(x, \pm B, z)]$
$+ \varepsilon_1 \varepsilon_3 [\mp \varphi_{101y}(x, \pm B, z) + \varphi_{100z}(x, \pm B, z) b_z(z) - \varphi_{100yy}(x, \pm B, z) b(z)]$
$+ \varepsilon_1 \varepsilon_2 \varepsilon_3 [\mp \varphi_{111y}(x, \pm B, z) + \varphi_{110z}(x, \pm B, z) b_z(z) - \varphi_{110yy}(x, \pm B, z) b(z)]$
$+ \varepsilon_1^2 [\mp \varphi_{200y}(x, \pm B, z)] + \varepsilon_1^2 \varepsilon_2 [\mp \varphi_{210y}(x, \pm B, z)]$
$+ \varepsilon_1^2 \varepsilon_3 [\mp \varphi_{201y}(x, \pm B, z) + \varphi_{200z}(x, \pm B, z) b_z(z) - \varphi_{200yy}(x, \pm B, z) b(z)]$
$+ \varepsilon_1^2 \varepsilon_2 \varepsilon_3 [\mp \varphi_{211y}(x, \pm B, z) + \varphi_{210z}(x, \pm B, z) b_z(z) - \varphi_{210yy}(x, \pm B, z) b(z)] + \ldots = 0.$

Hieraus folgen für die einzelnen Potentialfunktionen die Randbedingungen

(3.14) $\quad \varphi_{ijky}(x, \pm B, z) = b_{ijk}^{(\pm)}(x, z) \quad \text{für} \begin{cases} -h < z < F(x, \pm B; \varepsilon_1, \varepsilon_2, \varepsilon_3), \\ -\infty < x < +\infty, \\ i \geq 1; \; j, k \geq 0, \end{cases}$

wobei

$$b^{(\pm)}_{100}(x, z) \equiv 0,$$
$$b^{(\pm)}_{110}(x, z) \equiv 0,$$
$$b^{(\pm)}_{101}(x, z) \equiv \pm \varphi_{100\,z}(x, \pm B, z)\, b_z(z) \mp \varphi_{100\,yy}(x, \pm B, z)\, b(z),$$
$$b^{(\pm)}_{111}(x, z) \equiv \pm \varphi_{110\,z}(x, \pm B, z)\, b_z(z) \mp \varphi_{110\,yy}(x, \pm B, z)\, b(z),$$
$$b^{(\pm)}_{200}(x, z) \equiv 0,$$
$$b^{(\pm)}_{210}(x, z) \equiv 0,$$
$$b^{(\pm)}_{201}(x, z) \equiv \pm \varphi_{200\,z}(x, \pm B, z)\, b_z(z) \mp \varphi_{200\,yy}(x, \pm B, z)\, b(z),$$
$$b^{(\pm)}_{211}(x, z) \equiv \pm \varphi_{210\,z}(x, \pm B, z)\, b_z(z) \mp \varphi_{210\,yy}(x, \pm B, z)\, b(z),$$
....

Der durch die in (3.14) auftretenden Ungleichungen gekennzeichnete Bereich für x und z werde mit $R(\varepsilon_1, \varepsilon_2, \varepsilon_3)$ bezeichnet.

Wie man den Relationen (3.15) leicht entnehmen kann, gilt:

(3.15') $$b^{(-)}_{ijk}(x, z) = -\, b^{(+)}_{ijk}(x, z) \quad \text{für} \quad i \geqq 1;\ j, k \geqq 0.$$

Mit

$$b_{ijk}(x, z) \equiv b^{(+)}_{ijk}(x, z) \qquad \text{für} \quad i \geqq 1;\ j, k \geqq 0$$

können wir daher für (3.14) auch schreiben:

(3.14') $$\varphi_{ijk\,y}(x, \pm B, z) = \pm\, b_{ijk}(x, z) \quad \text{für} \quad (x, z) \in R(\varepsilon_1, \varepsilon_2, \varepsilon_3),$$
$$i \geqq 1;\ j, k \geqq 0.$$

3.4 Entwicklung der dynamischen Bedingung an der freien Wasseroberfläche

Aus der dynamischen Bedingung (2.5) an der freien Wasseroberfläche

$$F - \frac{c}{g} \varphi_x + \frac{1}{2g} \nabla \varphi \nabla \varphi = 0 \quad \text{für} \quad z = F(x, y; \varepsilon_1, \varepsilon_2, \varepsilon_3)$$

folgt durch Entwicklung nach Potenzen von $\varepsilon_1, \varepsilon_2, \varepsilon_3$:

$$\sum_{j,k=0}^{1} \varepsilon_1 \varepsilon_2^j \varepsilon_3^k \left[F_{1jk}(x,y) - \frac{c}{g} \varphi_{1jk\,x}(x,y,0) \right]$$

$$+ \varepsilon_1^2 \left[F_{200}(x,y) - \frac{c}{g} \varphi_{200\,x}(x,y,0) - \frac{c}{g} \varphi_{100\,xz}(x,y,0) F_{100}(x,y) \right.$$

$$\left. + \frac{1}{2g} \{\nabla \varphi_{100} \nabla \varphi_{100}\}_{z=0} \right]$$

$$+ \varepsilon_1^2 \varepsilon_2 \left[F_{210}(x,y) - \frac{c}{g} \varphi_{210\,x}(x,y,0) - \frac{c}{g} \{\varphi_{100\,xz}(x,y,0) F_{110}(x,y) \right.$$

$$\left. + \varphi_{110\,xz}(x,y,0) F_{100}(x,y)\} + \frac{1}{g} \{\nabla \varphi_{100} \nabla \varphi_{110}\}_{z=0} \right]$$

$$+ \varepsilon_1^2 \varepsilon_3 \left[F_{201}(x,y) - \frac{c}{g} \varphi_{201\,x}(x,y,0) - \frac{c}{g} \{\varphi_{100\,xz}(x,y,0) F_{101}(x,y) \right.$$

$$\left. + \varphi_{101\,xz}(x,y,0) F_{100}(x,y)\} + \frac{1}{g} \{\nabla \varphi_{100} \nabla \varphi_{101}\}_{z=0} \right]$$

$$+ \varepsilon_1^2 \varepsilon_2 \varepsilon_3 \left[F_{211}(x,y) - \frac{c}{g} \varphi_{211\,x}(x,y,0) - \frac{c}{g} \{\varphi_{100\,xz}(x,y,0) F_{111}(x,y) \right.$$

$$+ \varphi_{111\,xz}(x,y,0) F_{100}(x,y) + \varphi_{110\,xz}(x,y,0) F_{101}(x,y)$$

$$+ \varphi_{101\,xz}(x,y,0) F_{110}(x,y)\}$$

$$\left. + \frac{1}{g} \{\nabla \varphi_{100} \nabla \varphi_{111} + \nabla \varphi_{110} \nabla \varphi_{101}\}_{z=0} \right] + \cdots = 0.$$

Für den Koeffizienten der Potenzreihe (3.3) für $F(x,y; \varepsilon_1, \varepsilon_2, \varepsilon_3)$ erhalten wir hieraus:

$$F_{1jk}(x,y) = \frac{c}{g} \varphi_{1jk\,x}(x,y,0) \quad \text{für} \quad 0 \leq j, k \leq 1.$$

$$F_{200}(x,y) = \frac{c}{g} \varphi_{200}(x,y,0) + \frac{c^2}{2g^2} \left[\frac{\partial}{\partial z} \{\varphi_{100\,x} \varphi_{100\,x}\} \right]_{z=0}$$

(3.16)
$$- \frac{1}{2g} \{\nabla \varphi_{100} \nabla \varphi_{100}\}_{z=0},$$

$$F_{210}(x,y) = \frac{c}{g} \varphi_{210\,x}(x,y,0) + \frac{c^2}{g^2} \left[\frac{\partial}{\partial z} \{\varphi_{100\,x} \varphi_{110\,x}\} \right]_{z=0}$$

$$- \frac{1}{g} [\nabla \varphi_{100} \nabla \varphi_{110}]_{z=0},$$

$$F_{201}(x,y) = \frac{c}{g}\varphi_{201\,x}(x,y,0) + \frac{c^2}{g^2}\left[\frac{\partial}{\partial z}\{\varphi_{100\,x}\varphi_{101\,x}\}\right]_{z=0}$$

(3.16)
$$- \frac{1}{g}[\nabla\varphi_{100}\nabla\varphi_{101}]_{z=0},$$

$$F_{211}(x,y) = \frac{c}{g}\varphi_{211\,x}(x,y,0) + \frac{c^2}{g^2}\left[\frac{\partial}{\partial z}\{\varphi_{100\,x}\varphi_{111\,x} + \varphi_{110\,x}\varphi_{101\,x}\}\right]_{z=0}$$

$$- \frac{1}{g}[\nabla\varphi_{100}\nabla\varphi_{111} + \nabla\varphi_{110}\nabla\varphi_{101}]_{z=0},$$

. . . .

Diese Darstellungen gelten für:

(3.17)
$$-\infty < x < +\infty,$$
$$-B - \varepsilon_3 b(0) \leqq y \leqq -f(x,0;\varepsilon_1,\varepsilon_2,\varepsilon_3)$$
$$\text{und } +f(x,0;\varepsilon_1,\varepsilon_2,\varepsilon_3) \leqq y \leqq B + \varepsilon_3 b(0),$$

wobei

$$f(x,0;\varepsilon_1,\varepsilon_2,\varepsilon_3) = 0 \quad \text{für} \quad x \notin L(\varepsilon_1,\varepsilon_2,\varepsilon_3)$$

zu berücksichtigen ist. Den durch (3.17) gekennzeichneten Bereich wollen wir mit $\Omega(\varepsilon_1,\varepsilon_2,\varepsilon_3)$ bezeichnen.

3.5 Entwicklung der kinematischen Bedingung an der freien Wasseroberfläche

Aus der kinematischen Bedingung (2.10) an der freien Wasseroberfläche

$$(-c + \varphi_x)F_x + \varphi_y F_y - \varphi_z = 0 \quad \text{für} \quad z = F(x,y;\varepsilon_1,\varepsilon_2,\varepsilon_3)$$

folgt durch Entwicklung nach Potenzen von $\varepsilon_1, \varepsilon_2, \varepsilon_3$, wenn mit

$$\nabla_0 = \left\{\frac{\partial}{\partial x}, \frac{\partial}{\partial y}\right\}$$

der zweidimensionale Nabla-Operator bezeichnet wird:

$$\sum_{j,k=0}^{1} \varepsilon_1 \varepsilon_2^j \varepsilon_3^k [-cF_{1jkx}(x,y) - \varphi_{1jkz}(x,y,0)]$$
$$+ \varepsilon_1^2 [-cF_{200}(x,y) - \varphi_{200z}(x,y,0) + \{\nabla_0\varphi_{100}\nabla_0 F_{100} - \varphi_{100zz}F_{100}\}_{z=0}]$$
$$+ \varepsilon_1^2\varepsilon_2 [-cF_{210}(x,y) - \varphi_{210z}(x,y,0) + \{\nabla_0\varphi_{100}\nabla_0 F_{110} + \nabla_0\varphi_{110}\nabla_0 F_{100}$$
$$- \varphi_{100zz}F_{110} - \varphi_{110zz}F_{100}\}_{z=0}]$$

$$+ \varepsilon_1^2 \varepsilon_3 [-cF_{201}(x,y) - \varphi_{201z}(x,y,0) + \{\nabla_0 \varphi_{100} \nabla_0 F_{101} + \nabla_0 \varphi_{101} \nabla_0 F_{100}$$
$$- \varphi_{100zz} F_{101} - \varphi_{101zz} F_{100}\}_{z=0}]$$
$$+ \varepsilon_1^2 \varepsilon_2 \varepsilon_3 [-cF_{211}(x,y) - \varphi_{211z}(x,y,0) + \{\nabla_0 \varphi_{100} \nabla_0 F_{111} + \nabla_0 \varphi_{111} \nabla_0 F_{100}$$
$$+ \nabla_0 \varphi_{110} \nabla_0 F_{101} + \nabla_0 \varphi_{101} \nabla_0 F_{110}$$
$$- \varphi_{100zz} F_{111} - \varphi_{111zz} F_{100}$$
$$- \varphi_{110zz} F_{101} - \varphi_{101zz} F_{110}\}_{z=0}] + \cdots = 0.$$

Führt man hier für die Funktionen $F_{ijk}(x,y)$ die Ausdrücke (3.16) ein, so erhält man für die einzelnen Potentiale die Randbedingungen:

(3.18) $\quad \varphi_{ijkz} + \nu \varphi_{ijkxx} = \gamma_{ijk}(x,y) \quad \text{für} \quad \begin{cases} z = 0, \\ (x,y) \in \Omega(\varepsilon_1, \varepsilon_2, \varepsilon_3), \\ i \geq 1;\ j, k \geq 0, \end{cases}$

wobei

$$\nu = \frac{c^2}{g}$$

und

$$\gamma_{1jk}(x,y) \equiv 0 \quad \text{mit} \quad 0 \leq j, k \leq 1,$$

$$\gamma_{200}(x,y) = \frac{c}{g} [-\varphi_{100x}(\varphi_{100zz} + \nu \varphi_{100xzz}) + (\nabla \varphi_{100} \nabla \varphi_{100})_x]_{z=0},$$

$$\gamma_{210}(x,y) = \frac{c}{g} [-\varphi_{100x}(\varphi_{110zz} + \nu \varphi_{110xzz}) - \varphi_{110x}(\varphi_{100zz} + \nu \varphi_{100xzz})$$

(3.19) $\qquad\qquad\qquad + 2(\nabla \varphi_{100} \nabla \varphi_{110})_x]_{z=0},$

$$\gamma_{201}(x,y) = \frac{c}{g} [-\varphi_{100x}(\varphi_{101zz} + \nu \varphi_{101xzz}) - \varphi_{101x}(\varphi_{100zz} + \nu \varphi_{100xzz})$$
$$+ 2(\nabla \varphi_{100} \nabla \varphi_{101})_x]_{z=0},$$

$$\gamma_{211}(x,y) = \frac{c}{g} [-\varphi_{100x}(\varphi_{111zz} + \nu \varphi_{111xzz}) - \varphi_{111x}(\varphi_{100zz} + \nu \varphi_{100xzz})$$
$$- \varphi_{110x}(\varphi_{101zz} + \nu \varphi_{101xzz}) - \varphi_{101x}(\varphi_{110zz} + \nu \varphi_{110xzz})$$
$$+ 2(\nabla \varphi_{100} \nabla \varphi_{111} + \nabla \varphi_{110} \nabla \varphi_{101})_x]_{z=0},$$

. . . .

In einfacher Weise können die Relationen (3.18), (3.19) auch durch Entwicklung von (2.13) nach Potenzen von $\varepsilon_1, \varepsilon_2, \varepsilon_3$ und anschließendem Koeffizientenvergleich erhalten werden.

3.6 Entwicklung der kinematischen Bedingung an der Schiffsoberfläche

Aus der kinematischen Bedingung (2.16) an der Schiffsoberfläche

$$[\pm(-c+\varphi_x)f_x - \varphi_y \pm \varphi_z f_z]_{y=\pm f(x,z;\varepsilon_1,\varepsilon_2,\varepsilon_3)} = 0$$

$$\text{für} \quad (x,z) \in D(\varepsilon_1, \varepsilon_2, \varepsilon_3)$$

folgt durch Entwicklung nach Potenzen von $\varepsilon_1, \varepsilon_2, \varepsilon_3$, wenn mit

$$\nabla_1 = \left\{\frac{\partial}{\partial x}, \frac{\partial}{\partial z}\right\}$$

ein zweidimensionaler Nabla-Operator bezeichnet wird:

$$\sum_{j,k=0}^{1} \varepsilon_1 \varepsilon_2^j \varepsilon_3^k [\mp cf_{1jkx} - \varphi_{1jky}]_{y=\pm 0}$$
$$+ \varepsilon_1^2 [\mp cf_{200x} - \varphi_{200y} \mp \varphi_{100yy}f_{100} \pm \nabla_1\varphi_{100}\nabla_1 f_{100}]_{y=\pm 0}$$
$$+ \varepsilon_1^2 \varepsilon_2 [\mp cf_{210x} - \varphi_{210y} \mp \varphi_{100yy}f_{110} \mp \varphi_{110yy}f_{100}$$
$$\pm \nabla_1\varphi_{100}\nabla_1 f_{110} \pm \nabla_1\varphi_{110}\nabla_1 f_{100}]_{y=\pm 0}$$
$$+ \varepsilon_1^2 \varepsilon_3 [\mp cf_{201x} - \varphi_{201y} \mp \varphi_{100yy}f_{101} \mp \varphi_{101yy}f_{100}$$
$$\pm \nabla_1\varphi_{100}\nabla_1 f_{101} \pm \nabla_1\varphi_{101}\nabla_1 f_{100}]_{y=\pm 0}$$
$$+ \varepsilon_1^2 \varepsilon_2 \varepsilon_3 [\mp cf_{211x} - \varphi_{211y} \mp \varphi_{100yy}f_{111} \mp \varphi_{111yy}f_{100} \mp \varphi_{110yy}f_{101} \mp \varphi_{101yy}f_{110}$$
$$\pm \nabla_1\varphi_{100}\nabla_1 f_{111} \pm \nabla_1\varphi_{111}\nabla_1 f_{100} \pm \nabla_1\varphi_{110}\nabla_1 f_{101}$$
$$\pm \nabla_1\varphi_{101}\nabla_1 f_{100}]_{y=\pm 0} + \cdots = 0$$

für $(x,z) \in D^{(\pm)}(\varepsilon_1, \varepsilon_2, \varepsilon_3)$.

Mit $D^{(\pm)}(\varepsilon_1, \varepsilon_2, \varepsilon_3)$ haben wir hierbei die positive bzw. negative Seite des Flächenstückes $D(\varepsilon_1, \varepsilon_2, \varepsilon_3)$ bezeichnet.

Durch Koeffizientenvergleich ergeben sich aus der obigen Entwicklung für die einzelnen Potentialfunktionen die Randbedingungen:

$$(3.20) \qquad \varphi_{ijky} = \pm q_{ijk}(x,z) \qquad \text{für} \quad \begin{cases} y = 0, \\ (x,z) \in D^{(\pm)}(\varepsilon_1, \varepsilon_2, \varepsilon_3), \\ i \geq 1;\ j,k \geq 0, \end{cases}$$

wobei mit Beachtung der unter 3.1 abgeleiteten Entwicklung für $f(x,z;\varepsilon_1,\varepsilon_2,\varepsilon_3)$ für die $q_{ijk}(x,z)$ gilt:

$$q_{100}(x,z) \equiv -cf_{0x}(x,z)$$
$$(3.21) \qquad q_{1jk}(x,z) \equiv 0 \quad \text{für} \quad 0 \leq j,k \leq 1, \quad \text{Ausnahme } j = k = 0,$$
$$q_{2jk}(x,z) \equiv -cf_{0xz}(x,z)\,t_{1jk} + c\{zf_{0x}(x,z) - xf_{0z}(x,z)\}_x \alpha_{1jk}$$
$$+ [(\varphi_{1jkx}f_0)_x + (\varphi_{1jkz}f_0)_z]_{y=0}$$
$$\text{für} \quad 0 \leq j,k \leq 1,\ (x,z) \in D(\varepsilon_1, \varepsilon_2, \varepsilon_3),$$

. . . .

In diesen Gleichungen stellen die t_{1jk} und α_{1jk} ($0 \leq j, k \leq 1$) zunächst unbekannte Größen dar. Sie sind die Koeffizienten der einzelnen Potenzen von $\varepsilon_1, \varepsilon_2, \varepsilon_3$ in den Reihenentwicklungen (3.5) und (3.6), d. h. in den Reihenentwicklungen für den Trimmwinkel α und die Tiefgangsänderung t. Später werden wir durch Entwicklung der Relationen (2.17) und (2.18) nach Potenzen von $\varepsilon_1, \varepsilon_2, \varepsilon_3$ auch für diese Größen rekursive Bestimmungsgleichungen aufstellen. Vorerst wollen wir annehmen, daß uns diese Größen bekannt sind.

Wie aus der Darstellung (3.20), (3.21) ersichtlich ist, gilt

(3.22) $\qquad [\varphi_{ijky}]_{y=+0} = [-\varphi_{ijky}]_{y=-0} \quad \text{für} \quad (x, z) \in D(\varepsilon_1, \varepsilon_2, \varepsilon_3)$.

Somit kann jedes dieser Potentiale durch eine einfache Belegung der Fläche $D(\varepsilon_1, \varepsilon_2, \varepsilon_3)$ mit Quellen dargestellt werden, wobei dann diese Potentiale analytisch in das Gebiet des Schiffes fortgesetzt werden.

Die Ausstrahlungsbedingung (2.19) führt natürlich auf

(3.23) $\qquad \nabla \varphi_{ijk} \to 0 \quad \text{für} \quad x \to +\infty, \quad \begin{cases} i \geq 1, \\ j, k \geq 0. \end{cases}$

Hiermit sind alle Randbedingungen abgeleitet.

4. Allgemeine Formulierung des Bewegungsvorganges als lineares Randwertproblem

Nachdem nunmehr alle Randbedingungen für die Koeffizienten in der Entwicklung der Funktion $\varphi(x, y, z; \varepsilon_1, \varepsilon_2, \varepsilon_3)$ aufgestellt worden und diese Bedingungen für alle Koeffizienten der Entwicklung stets an den gleichen Flächenstücken zu erfüllen sind, können wir durch Zusammenfassung die Bestimmung der Funktion $\varphi(x,y,z; \varepsilon_1, \varepsilon_2, \varepsilon_3)$ als lineares Randwertproblem formulieren. Hierzu führen wir folgende Bezeichnungen ein:

(4.1) $\quad Q(x, z; \varepsilon_1, \varepsilon_2, \varepsilon_3) = \sum_{i=1; j,k=0}^{\infty} \varepsilon_1^i \varepsilon_2^j \varepsilon_3^k q_{ijk}(x,z),$

(4.2) $\quad \Gamma(x, y; \varepsilon_1, \varepsilon_2, \varepsilon_3) = \sum_{i=1; j,k=0}^{\infty} \varepsilon_1^i \varepsilon_2^j \varepsilon_3^k \gamma_{ijk}(x, y),$

(4.3) $\quad H(x, y; \varepsilon_1, \varepsilon_2, \varepsilon_3) = \sum_{i=1; j,k=0}^{\infty} \varepsilon_1^i \varepsilon_2^j \varepsilon_3^k g_{ijk}(x, y),$

(4.4) $\quad \beta(x, z; \varepsilon_1, \varepsilon_2, \varepsilon_3) = \sum_{i=1; j,k=0}^{\infty} \varepsilon_1^i \varepsilon_2^j \varepsilon_3^k b_{ijk}(x, z).$

Mit diesen Bezeichnungen und den in Abschnitt 3 eingeführten Flächenstücken

(4.5) $\quad D(\varepsilon_1, \varepsilon_2, \varepsilon_3), \quad R(\varepsilon_1, \varepsilon_2, \varepsilon_3), \quad \Omega(\varepsilon_1, \varepsilon_2, \varepsilon_3)$

ist die Bestimmung des Potentials $\varphi(x, y, z; \varepsilon_1, \varepsilon_2, \varepsilon_3)$ zurückgeführt auf die Lösung einer linearen Randwertaufgabe: Gesucht ist eine Funktion $\varphi(x,y,z; \varepsilon_1, \varepsilon_2, \varepsilon_3)$, welche den folgenden Bedingungen genügt:

(4.6) $\quad \nabla^2 \varphi = \triangle \varphi = \varphi_{xx} + \varphi_{yy} + \varphi_{zz} = 0 \qquad$ im Flüssigkeitsbereich,

(4.7) $\quad [\varphi_z + \nu \varphi_{xx}]_{z=0} = \Gamma(x, y; \varepsilon_1, \varepsilon_2, \varepsilon_3) \qquad$ für $(x, y) \in \Omega(\varepsilon_1, \varepsilon_2, \varepsilon_3),$

(4.8) $\quad [\varphi_y]_{y=\pm 0} = \pm Q(x, z; \varepsilon_1, \varepsilon_2, \varepsilon_3) \qquad$ für $(x, z) \in D(\varepsilon_1, \varepsilon_2, \varepsilon_3),$

(4.9) $\quad [\varphi_z]_{z=-h} = H(x, y; \varepsilon_1, \varepsilon_2, \varepsilon_3) \qquad$ für $(x, y) \in \Omega_0,$

(4.10) $\quad [\varphi_y]_{y=\pm B} = \pm \beta(x, z; \varepsilon_1, \varepsilon_2, \varepsilon_3) \qquad$ für $(x, z) \in R(\varepsilon_1, \varepsilon_2, \varepsilon_3),$

(4.11) $\quad \lim_{x \to +\infty} \nabla \varphi(x, y, z) = 0 \qquad$ (Ausstrahlungsbedingung).

Zur Abkürzung haben wir hierbei mit Ω_0 das Gebiet:

(4.12) $\quad -\infty < x < +\infty, \quad -B < y < +B$

bezeichnet.

Durch die Bestimmung einer den Bedingungen (4.6) bis (4.11) genügenden Funktion, bei der also Randbedingungen nur an ebenen Flächenstücken $z = 0$, $y = 0$, $z = -h$, $y = \pm B$ zu erfüllen sind, erhält man eine Funktion $\varphi(x, y, z; \varepsilon_1, \varepsilon_2, \varepsilon_3)$, welche auch die Gleichungen unseres ursprünglich nichtlinearen Randwertproblems erfüllt, bei dem zusätzlich im allgemeinen gekrümmte Begrenzungsflächen auftreten.

5. Die Greenschen Funktionen des Randwertproblems

Zur Lösung des Randwertproblems (4.6) bis (4.11) benötigen wir die folgenden Greenschen Funktionen. Hierbei haben wir mit $\delta(s, t)$ die in üblichem Sinne definierte Dirac-Funktion bezeichnet.

a) $G^{(1)}(x, y, z; \xi, \zeta)$ ist eine Funktion, welche den folgenden Bedingungen genügt:

(5.1) $\quad \nabla^2 G^{(1)} = 0 \quad$ für $\quad \begin{cases} -\infty < x < +\infty, \\ -h < z < 0, \\ -B < y < +B, \end{cases}$

(5.2) $\quad G^{(1)}_z - \nu G^{(1)}_{xx} = 0 \quad$ für $\quad z = 0,$

(5.3) $\quad G^{(1)}_y = \delta(x-\xi, z-\zeta) \quad$ für $\quad y = 0,$

(5.4) $\quad G^{(1)}_z = 0 \quad$ für $\quad z = -h,$

(5.5) $\quad G^{(1)}_y = 0 \quad$ für $\quad y = \pm B,$

(5.6) $\quad G^{(1)}(x, y, z; \xi, \zeta) = \begin{cases} 0\,([x^2+y^2]^{-\frac{1}{2}}) & \text{für } x^2+y^2 \to \infty, x > 0, \\ 0\,(1) & \text{für } x^2+y^2 \to \infty, x < 0. \end{cases}$

b) $G^{(2)}(x, y, z; \xi, \eta)$ genügt den Bedingungen

(5.7) $\quad \nabla^2 G^{(2)} = 0 \quad$ für $\quad \begin{cases} -\infty < x < +\infty, \\ -h < z < 0, \\ -B < y < +B, \end{cases}$

(5.8) $\quad G^{(2)}_z - \nu G^{(2)}_{xx} = \delta(x-\xi, y-\eta) \quad$ für $\quad z = 0,$

(5.9) $\quad G^{(2)}_z = 0 \quad$ für $\quad z = -h,$

(5.10) $\quad G^{(2)}_y = 0 \quad$ für $\quad y = \pm B,$

(5.11) $\quad G^{(2)}(x, y, z; \xi, \eta) = \begin{cases} 0\,([x^2+y^2]^{-\frac{1}{2}}) & \text{für } x^2+y^2 \to \infty, x > 0, \\ 0\,(1) & \text{für } x^2+y^2 \to \infty, x < 0. \end{cases}$

c) $G^{(3)}(x, y, z; \xi, \eta)$ genügt den Bedingungen:

(5.12) $\quad \nabla^2 G^{(3)} = 0 \quad$ für $\quad \begin{cases} -\infty < x < +\infty, \\ -h < z < 0, \\ -B < y < +B, \end{cases}$

(5.13) $\quad G^{(3)}_z + \nu G^{(3)}_{xx} = 0 \qquad$ für $\quad z = 0,$

(5.14) $\quad G^{(3)}_z = \delta(x-\xi, y-\eta) \qquad$ für $\quad z = -h,$

(5.15) $\quad G^{(3)}_y = 0 \qquad$ für $\quad y = \pm B,$

(5.16) $\quad G^{(3)}(x,y,z;\xi,\eta) = \begin{cases} 0\,([x^2+y^2]^{-\frac{1}{2}}) & \text{für } x^2+y^2 \to \infty, x > 0, \\ 0\,(1) & \text{für } x^2+y^2 \to \infty, x < 0. \end{cases}$

d) $G^{(+)}(x,y,z;\xi,\zeta)$ erfüllt die Bedingungen:

(5.17) $\quad \nabla^2 G^{(+)} = 0 \qquad$ für $\quad \begin{cases} -\infty < x < +\infty, \\ -h < z < 0, \\ -B < y < +B, \end{cases}$

(5.18) $\quad G^{(+)}_z + \nu G^{(+)}_{xx} = 0 \qquad$ für $\quad z = 0,$

(5.19) $\quad G^{(+)}_z = 0 \qquad$ für $\quad z = -h,$

(5.20) $\quad G^{(+)}_y = \delta(x-\xi, z-\zeta) \qquad$ für $\quad y = +B,$

(5.21) $\quad G^{(+)}_y = 0 \qquad$ für $\quad y = -B,$

(5.22) $\quad G^{(+)}(x,y,z;\xi,\zeta) = \begin{cases} 0\,([x^2+y^2]^{-\frac{1}{2}}) & \text{für } x^2+y^2 \to \infty, x > 0, \\ 0\,(1) & \text{für } x^2+y^2 \to \infty, x < 0. \end{cases}$

e) $G^{(-)}(x,y,z;\xi,\zeta)$ erfüllt die Bedingungen:

(5.23) $\quad \nabla^2 G^{(-)} = 0 \qquad$ für $\quad \begin{cases} -\infty < x < +\infty, \\ -h < z < 0, \\ -B < y < +B, \end{cases}$

(5.24) $\quad G^{(-)}_z + \nu G^{(-)}_{xx} = 0 \qquad$ für $\quad z = 0,$

(5.25) $\quad G^{(-)}_z = 0 \qquad$ für $\quad z = -h,$

(5.26) $\quad G^{(-)}_y = 0 \qquad$ für $\quad y = +B,$

(5.27) $\quad G^{(-)}_y = \delta(x-\xi, z-\zeta) \qquad$ für $\quad y = -B,$

(5.28) $\quad G^{(-)}(x,y,z;\xi,\zeta) = \begin{cases} 0\,([x^2+y^2]^{-\frac{1}{2}}) & \text{für } x^2+y^2 \to \infty, x > 0, \\ 0\,(1) & \text{für } x^2+y^2 \to \infty, x < 0. \end{cases}$

Die Bestimmung dieser Greenschen Funktionen kann in bekannter Weise erfolgen. Wir wollen uns daher darauf beschränken, hier nur die einzelnen Greenschen Funktionen anzugeben. Es gilt:

(5.29) $\quad G^{(1)}(x,y,z;\xi,\zeta)$

$$= \frac{1}{2\pi} \sum_{n=-\infty}^{+\infty} \left\{ \frac{1}{\sqrt{(x-\xi)^2+(y-nB)^2+(z-\zeta)^2}} \right.$$

$$+ \frac{1}{\sqrt{(x-\xi)^2+(y-nB)^2+(z+2h+\zeta)^2}}$$

$$-\frac{4}{\pi}\gamma_0 \int_0^{\pi/2} d\Theta \oint_0^\infty \frac{\exp[-K\gamma_0 h] \cosh[K\gamma_0(\zeta+h)] \{\cosh[K\gamma_0(z+h)](K\cos^2\Theta+1)-1\}}{\cosh[K\gamma_0 h] (K\cos^2\Theta - \tanh[K\gamma_0 h])}$$

$$\times \cos[K\gamma_0(x-\xi)\cos\Theta] \cos[K\gamma_0(y-nB)\sin\Theta] \, dK$$

$$-4\gamma_0 \int_{\Theta_0}^{\pi/2} \frac{\exp[-k\gamma_0 h] \cosh[k\gamma_0(\zeta+h)] \{\cosh[k\gamma_0(z+h)](k\cos^2\Theta+1)-1\}}{\cosh[k\gamma_0 h] (\cos^2\Theta - \gamma_0 h \operatorname{sech}^2[k\gamma_0 h])}$$

$$\times \sin[k\gamma_0(x-\xi)\cos\Theta] \cos[k\gamma_0(y-nB)\sin\Theta] \, d\Theta \bigg\},$$

worin

(5.30) $\quad \gamma_0 = \dfrac{g}{c^2}, \qquad \Theta_0 = \begin{cases} \arccos\sqrt{\gamma_0 h} & \text{für} \quad \gamma_0 h \leq 1, \\ 0 & \text{für} \quad \gamma_0 h \geq 1 \end{cases}$

und $k = k(\Theta)$ die positive reelle Wurzel der Gleichung

(5.31) $\quad k - \sec^2\Theta \tanh[k\gamma_0 h] = 0, \qquad \Theta_0 < \Theta < \dfrac{\pi}{2}$

ist. Die Integration bezüglich K ist hierbei für $\Theta_0 < \Theta < \dfrac{\pi}{2}$ im Sinne des Cauchyschen Hauptwertes zu verstehen.

Ferner gilt mit den gleichen Bezeichnungen wie bei (5.29):

(5.32) $\quad G^{(2)}(x,y,z;\xi,\eta)$

$$= \frac{\gamma_0}{8\pi^2} \sum_{n=-\infty}^{+\infty} \int_0^{\pi/2} d\Theta \oint_0^\infty \frac{\cosh[K\gamma_0(z+h)]}{\cosh[K\gamma_0 h](K\cos^2\Theta - \tanh[K\gamma_0 h])}$$

$$\times \cos[K\gamma_0(x-\xi)\cos\Theta] \cos[K\gamma_0(y-\{2nB+(-1)^n\eta\})\sin\Theta] \, dK;$$

(5.33) $\quad G^{(3)}(x,y,z;\xi,\eta)$

$$= \frac{1}{2\pi} \sum_{n=-\infty}^{+\infty} \left\{ \frac{1}{\sqrt{(x-\xi)^2 + (y-\{2nB+(-1)^n\eta\})^2 + (z+h)^2}} \right.$$

$$-\frac{2}{\pi}\gamma_0 \int_0^{\pi/2} d\Theta \oint_0^\infty \frac{\exp[-K\gamma_0 h]\{\cosh[K\gamma_0(z+h)](K\cos^2\Theta+1)-1\}}{\cosh[K\gamma_0 h](K\cos^2\Theta - \tanh[K\gamma_0 h])}$$

$$\times \cos[K\gamma_0(x-\xi)\cos\Theta] \cos[K\gamma_0(y-\{2nB+(-1)^n\eta\})\sin\Theta] \, dK$$

$$-2\gamma_0 \int_{\Theta_0}^{\pi/2} \frac{\exp[-k\gamma_0 h]\{\cosh[k\gamma_0(z+h)](k\cos^2\Theta+1)-1\}}{\cosh[k\gamma_0 h](\cos^2\Theta - \gamma_0 h \operatorname{sech}^2[k\gamma_0 h])}$$

$$\times \sin[k\gamma_0(x-\xi)\cos\Theta] \cos[k\gamma_0(y-\{2nB+(-1)^n\eta\})\sin\Theta] \, d\Theta \bigg\};$$

(5.34) $$\begin{aligned}G^{(\pm)}&(x,y,z;\xi,\zeta)\\ =\mp\frac{1}{2\pi}&\sum_{n=-\infty}^{+\infty}\left\{\frac{1}{\sqrt{(x-\xi)^2+(y-\{4n\pm 1\}B)^2+(z-\zeta)^2}}\right.\\ +&\frac{1}{\sqrt{(x-\xi)^2+(y-\{4n\pm 1\}B)^2+(z+2k+\zeta)^2}}\\ -&\frac{4}{\pi}\gamma_0\int_0^{\pi/2}d\Theta\oint\frac{\exp[-K\gamma_0 h]\cosh[K\gamma_0(\zeta+h)]\{\cosh[K\gamma_0(z+h)](K\cos^2\Theta+1)-1\}}{\cosh[K\gamma_0 h](K\cos^2\Theta-\tanh[K\gamma_0 h])}\\ &\times\cos[K\gamma_0(x-\xi)\cos\Theta]\cos[K\gamma_0(y-\{4n\pm 1\}B)\sin\Theta]\,dK\\ -&4\gamma_0\int_{\Theta_0}^{\pi/2}\frac{\exp[-k\gamma_0 h]\cosh[k\gamma_0(\zeta+h)]\{\cosh[k\gamma_0(z+h)](k\cos^2\Theta+1)-1\}}{\cosh[k\gamma_0 h](\cos^2\Theta-\gamma_0 h\,\mathrm{sech}^2[k\gamma_0 h])}\\ &\times\sin[k\gamma_0(x-\xi)\cos\Theta]\cos[k\gamma_0(y-\{4n\pm 1\}B)\sin\Theta]\,d\Theta\Big\}.\end{aligned}$$

6. Lösung des Randwertproblems

Mittels der Greenschen Funktionen kann man die Lösung $\varphi(x, y, z; \varepsilon_1, \varepsilon_2, \varepsilon_3)$ des in Abschnitt 4 formulierten linearen Randwertproblems in der folgenden Weise darstellen:

$$(6.1) \quad \varphi(x, y, z; \varepsilon_1, \varepsilon_2, \varepsilon_3)$$

$$= \iint\limits_{D(\varepsilon_1, \varepsilon_2, \varepsilon_3)} Q(\xi, \zeta; \varepsilon_1, \varepsilon_2, \varepsilon_3) \, G^{(1)}(x, y, z; \xi, \zeta) \, d\xi \, d\zeta$$

$$+ \iint\limits_{\Omega(\varepsilon_1, \varepsilon_2, \varepsilon_3)} \Gamma(\xi, \eta; \varepsilon_1, \varepsilon_2, \varepsilon_3) \, G^{(2)}(x, y, z; \xi, \eta) \, d\xi \, d\eta$$

$$+ \iint\limits_{\Omega_0} H(\xi, \eta; \varepsilon_1, \varepsilon_2, \varepsilon_3) \, G^{(3)}(x, y, z; \xi, \eta) \, d\xi \, d\eta$$

$$+ \iint\limits_{R(\varepsilon_1, \varepsilon_2, \varepsilon_3)} \beta(\xi, \zeta; \varepsilon_1, \varepsilon_2, \varepsilon_3) \, [G^{(+)}(x, y, z; \xi, \zeta) - G^{(-)}(x, y, z; \xi, \zeta)] \, d\xi \, d\zeta.$$

Damit haben wir einen allgemeinen Ausdruck für das Geschwindigkeitspotential φ erhalten. Allerdings darf (6.1) nicht darüber hinwegtäuschen, daß die Koeffizienten der einzelnen Potenzen von $\varepsilon_1, \varepsilon_2, \varepsilon_3$ in den Entwicklungen von Q, Γ, H, β sukzessive bestimmt werden müssen.

7. Berechnung der hydrodynamischen Kräfte und Momente

Mittels der Darstellung (6.1) für die Potentialfunktion $\varphi(x, y, z; \varepsilon_1, \varepsilon_2, \varepsilon_3)$ können jetzt auch die auf das Schiff einwirkenden hydrodynamischen Kräfte und Momente berechnet werden.

Machen wir von der Zerlegung

(7.1) $$G^{(1)}(x, y, z; \xi, \zeta) = \frac{1}{2\pi r} + G_0^{(1)}(x, y, z; \xi, \zeta)$$

der Greenschen Funktion $G^{(1)}$ Gebrauch, wobei

(7.2) $$r = \sqrt{(x-\xi)^2 + y^2 + (z-\zeta)^2}$$

und

(7.3) $$G_0^{(1)}(x, y, z; \xi, \zeta)$$

der im Bereich $-\infty < x < +\infty, -h < z < 0, -B < y < +B$ reguläre Teil von $G^{(1)}$ ist, so sehen wir, daß wir die Potentialfunktion $\Phi = -cx + \varphi$ in entsprechender Weise in einen singulären und einen regulären Teil zerlegen können. Es gilt:

(7.4) $$\Phi(x, y, z; \varepsilon_1, \varepsilon_2, \varepsilon_3)$$
$$= \frac{1}{2\pi} \iint_{D(\varepsilon_1, \varepsilon_2, \varepsilon_3)} \frac{Q(\xi, \zeta; \varepsilon_1, \varepsilon_2, \varepsilon_3)}{r} d\xi d\zeta + \Phi_0(x, y, z; \varepsilon_1, \varepsilon_2, \varepsilon_3),$$

wobei

(7.5) $$\Phi_0(x, y, z; \varepsilon_1, \varepsilon_2, \varepsilon_3) = -cx + \varphi_0(x, y, z; \varepsilon_1, \varepsilon_2, \varepsilon_3)$$
$$= -cx + \iint_{D(\varepsilon_1, \varepsilon_2, \varepsilon_3)} Q(\xi, \zeta; \varepsilon_1, \varepsilon_2, \varepsilon_3) G_0^{(1)}(x, y, z; \xi, \zeta) d\xi d\zeta$$
$$+ \iint_{\Omega(\varepsilon_1, \varepsilon_2, \varepsilon_3)} \Gamma(\xi, \eta; \varepsilon_1, \varepsilon_2, \varepsilon_3) G^{(2)}(x, y, z; \xi, \eta) d\xi d\eta$$
$$+ \iint_{\Omega_0} H(\xi, \eta; \varepsilon_1, \varepsilon_2, \varepsilon_3) G^{(3)}(x, y, z; \xi, \eta) d\xi d\eta$$
$$+ \iint_{R(\varepsilon_1, \varepsilon_2, \varepsilon_3)} \beta(\xi, \zeta; \varepsilon_1, \varepsilon_2, \varepsilon_3) [G^{(+)}(x, y, z; \xi, \zeta) - G^{(-)}(x, y, z; \xi, \zeta)] d\xi d\zeta$$

der reguläre Teil von Φ ist. Mit Hilfe dieser Potentialfunktion Φ_0 erhält man nach Sisow [7]

1. den resultierenden Vektor der hydrodynamischen Kräfte zu:

(7.6) $$\mathfrak{P} = -2\varrho \iint_{D(\varepsilon_1, \varepsilon_2, \varepsilon_3)} Q(x, z; \varepsilon_1, \varepsilon_2, \varepsilon_3) \nabla \Phi_0(x, 0, z; \varepsilon_1, \varepsilon_2, \varepsilon_3) dx dz;$$

2. das resultierende Moment der hydrodynamischen Kräfte zu:

(7.7) $\mathfrak{M} = -2\varrho \iint\limits_{D(\varepsilon_1, \varepsilon_2, \varepsilon_3)} Q(x, z; \varepsilon_1, \varepsilon_2, \varepsilon_3) \left[\mathfrak{r}_1 \times \nabla \Phi_0(x, 0, z; \varepsilon_1, \varepsilon_2, \varepsilon_3) \right] dx\, dz,$

wobei wir

(7.8) $\qquad\qquad\qquad \mathfrak{r}_1 = x\mathfrak{e}_x + z\mathfrak{e}_z$

gesetzt haben.

Aus (7.6) erhält man speziell für den Wellenwiderstand:

(7.9) $W = -2\varrho \iint\limits_{D(\varepsilon_1, \varepsilon_2, \varepsilon_3)} Q(x, z; \varepsilon_1, \varepsilon_2, \varepsilon_3) \varphi_{0x}(x, 0, z; \varepsilon_1, \varepsilon_2, \varepsilon_3)\, dx\, dz$

und für die Auftriebskraft

(7.10) $A = -2\varrho \iint\limits_{D(\varepsilon_1, \varepsilon_2, \varepsilon_3)} Q(x, z; \varepsilon_1, \varepsilon_2, \varepsilon_3) \varphi_{0z}(x, 0, z; \varepsilon_1, \varepsilon_2, \varepsilon_3)\, dx\, dz.$

Hierbei wurde beachtet, daß

(7.11) $\iint\limits_{D(\varepsilon_1, \varepsilon_2, \varepsilon_3)} Q(x, z; \varepsilon_1, \varepsilon_2, \varepsilon_3)\, dx\, dz = 0$

gilt. (Die Gesamtergiebigkeit der Quellen und Senken verschwindet, wenn der erzeugte Körper geschlossen ist.) Entsprechend erhält man aus (7.7) das Trimmmoment

(7.12) $M_y = 2\varrho \iint\limits_{D(\varepsilon_1, \varepsilon_2, \varepsilon_3)} Q(x, z; \varepsilon_1, \varepsilon_2, \varepsilon_3)$

$\qquad\qquad \times \left[x\varphi_{0z}(x, 0, z; \varepsilon_1, \varepsilon_2, \varepsilon_3) + z\left\{ c - \varphi_{0x}(x, 0, z; \varepsilon_1, \varepsilon_2, \varepsilon_3) \right\} \right] dx\, dz.$

Führt man in (7.9), (7.10) und (7.12) noch den Ausdruck (7.5) für die Potentialfunktion $\varphi_0(x, y, z; \varepsilon_1, \varepsilon_2, \varepsilon_3)$ ein, so erhält man für den Wellenwiderstand:

(7.13) $W = -2\varrho \Bigg[\iint\limits_{D(\varepsilon_1, \varepsilon_2, \varepsilon_3)} Q(x, z; \varepsilon_1, \varepsilon_2, \varepsilon_3)\, dx\, dz \iint\limits_{D(\varepsilon_1, \varepsilon_2, \varepsilon_3)} Q(\xi, \zeta; \varepsilon_1, \varepsilon_2, \varepsilon_3)$

$\qquad\qquad\qquad\qquad\qquad \times G^{(1)}_{0x}(x, 0, z; \xi, \zeta)\, d\xi\, d\zeta$

$\qquad + \iint\limits_{D(\varepsilon_1, \varepsilon_2, \varepsilon_3)} Q(x, z; \varepsilon_1, \varepsilon_2, \varepsilon_3)\, dx\, dz \iint\limits_{\Omega(\varepsilon_1, \varepsilon_2, \varepsilon_3)} \Gamma(\xi, \eta; \varepsilon_1, \varepsilon_2, \varepsilon_3)$

$\qquad\qquad\qquad\qquad\qquad \times G^{(2)}_x(x, 0, z; \xi, \eta)\, d\xi\, d\eta$

$\qquad + \iint\limits_{D(\varepsilon_1, \varepsilon_2, \varepsilon_3)} Q(x, z; \varepsilon_1, \varepsilon_2, \varepsilon_3)\, dx\, dz \iint\limits_{\Omega_0} H(\xi, \eta; \varepsilon_1, \varepsilon_2, \varepsilon_3)$

$\qquad\qquad\qquad\qquad\qquad \times G^{(3)}_x(x, 0, z; \xi, \eta)\, d\xi\, d\eta$

$\qquad + \iint\limits_{D(\varepsilon_1, \varepsilon_2, \varepsilon_3)} Q(x, z; \varepsilon_1, \varepsilon_2, \varepsilon_3)\, dx\, dz \iint\limits_{R(\varepsilon_1, \varepsilon_2, \varepsilon_3)} \beta(\xi, \zeta; \varepsilon_1, \varepsilon_2, \varepsilon_3)$

$\qquad\qquad\qquad\qquad\qquad \times \left[G^{(+)}_x(x, 0, z; \xi, \zeta) - G^{(-)}_x(x, 0, z; \xi, \zeta) \right] d\xi\, d\zeta \Bigg];$

für die Auftriebskraft:

$$
(7.14) \quad A = -2\varrho \Bigg[\iint_{D(\varepsilon_1,\varepsilon_2,\varepsilon_3)} Q(x,z;\varepsilon_1,\varepsilon_2,\varepsilon_3)\,dx\,dz \iint_{D(\varepsilon_1,\varepsilon_2,\varepsilon_3)} Q(\xi,\zeta;\varepsilon_1,\varepsilon_2,\varepsilon_3)
$$
$$
\times G^{(1)}_{0z}(x,0,z;\xi,\zeta)\,d\xi\,d\zeta
$$
$$
+ \iint_{D(\varepsilon_1,\varepsilon_2,\varepsilon_3)} Q(x,z;\varepsilon_1,\varepsilon_2,\varepsilon_3)\,dx\,dz \iint_{\Omega(\varepsilon_1,\varepsilon_2,\varepsilon_3)} \Gamma(\xi,\eta;\varepsilon_1,\varepsilon_2,\varepsilon_3)
$$
$$
\times G^{(2)}_z(x,0,z;\xi,\eta)\,d\xi\,d\eta
$$
$$
+ \iint_{D(\varepsilon_1,\varepsilon_2,\varepsilon_3)} Q(x,z;\varepsilon_1,\varepsilon_2,\varepsilon_2)\,dx\,dz \iint_{\Omega_0} H(\xi,\eta;\varepsilon_1,\varepsilon_2,\varepsilon_3)
$$
$$
\times G^{(3)}_z(x,0,z;\xi,\eta)\,d\xi\,d\eta
$$
$$
+ \iint_{D(\varepsilon_1,\varepsilon_2,\varepsilon_3)} Q(x,z;\varepsilon_1,\varepsilon_2,\varepsilon_3)\,dx\,dz \iint_{R(\varepsilon_1,\varepsilon_2,\varepsilon_3)} \beta(\xi,\zeta;\varepsilon_1,\varepsilon_2,\varepsilon_3)
$$
$$
\times [G^{(+)}_z(x,0,z;\xi,\zeta) - G^{(-)}_z(x,0,z;\xi,\zeta)]\,d\xi\,d\zeta \Bigg];
$$

und für das Trimmoment:

$$
(7.15) \quad M_y = 2\varrho \Bigg[\iint_{D(\varepsilon_1,\varepsilon_2,\varepsilon_3)} Q(x,z;\varepsilon_1,\varepsilon_2,\varepsilon_3)\,dx\,dz \iint_{D(\varepsilon_1,\varepsilon_2,\varepsilon_3)} Q(\xi,\zeta;\varepsilon_1,\varepsilon_2,\varepsilon_3)
$$
$$
\times [x G^{(1)}_{0z}(x,0,z;\xi,\zeta) - z G^{(1)}_{0x}(x,0,z;\xi,\zeta)]\,d\xi\,d\zeta
$$
$$
+ \iint_{D(\varepsilon_1,\varepsilon_2,\varepsilon_3)} Q(x,z;\varepsilon_1,\varepsilon_2,\varepsilon_3)\,dx\,dz \iint_{\Omega(\varepsilon_1,\varepsilon_2,\varepsilon_3)} \Gamma(\xi,\eta;\varepsilon_1,\varepsilon_2,\varepsilon_3)
$$
$$
\times [x G^{(2)}_z(x,0,z;\xi,\eta) - z G^{(2)}_x(x,0,z;\xi,\eta)]\,d\xi\,d\eta
$$
$$
+ \iint_{D(\varepsilon_1,\varepsilon_2,\varepsilon_3)} Q(x,z;\varepsilon_1,\varepsilon_2,\varepsilon_3)\,dx\,dz \iint_{\Omega_0} H(\xi,\eta;\varepsilon_1,\varepsilon_2,\varepsilon_3)
$$
$$
\times [x G^{(3)}_z(x,0,z;\xi,\eta) - z G^{(3)}_x(x,0,z;\xi,\eta)]\,d\xi\,d\eta
$$
$$
+ \iint_{D(\varepsilon_1,\varepsilon_2,\varepsilon_3)} Q(x,z;\varepsilon_1,\varepsilon_2,\varepsilon_3)\,dx\,dz \iint_{R(\varepsilon_1,\varepsilon_2,\varepsilon_3)} \beta(\xi,\zeta;\varepsilon_1,\varepsilon_2,\varepsilon_3)
$$
$$
\times [x\{G^{(+)}_z(x,0,z;\xi,\zeta) - G^{(-)}_z(x,0,z;\xi,\zeta)\}
$$
$$
- z\{G^{(+)}_x(x,0,z;\xi,\zeta) - G^{(-)}_x(x,0,z;\xi,\zeta)\}]\,d\xi\,d\zeta
$$
$$
+ c \iint_{D(\varepsilon_1,\varepsilon_2,\varepsilon_3)} z Q(x,z;\varepsilon_1,\varepsilon_2,\varepsilon_3)\,dx\,dz \Bigg].
$$

Diese Formeln werden wir später benutzen, um die Potenzreihenentwicklungen von R, A und M_y nach Potenzen von ε_1, ε_2, ε_3 zu erhalten.

8. Bestimmung der einzelnen Störpotentiale

Zur Bestimmung der Potenzreihenentwicklung nach Potenzen von $\varepsilon_1, \varepsilon_2, \varepsilon_3$ sowohl für die Potentialfunktion $\Phi(x,y,z; \varepsilon_1, \varepsilon_2, \varepsilon_3)$ als auch für die Kräfte $W(\varepsilon_1, \varepsilon_2, \varepsilon_3)$, $A(\varepsilon_1, \varepsilon_2, \varepsilon_3)$ und das Moment $M_y(\varepsilon_1, \varepsilon_2, \varepsilon_3)$ benötigen wir die folgenden Formeln zur Entwicklung der in (6.1), (7.13) bis (7.15) auftretenden Integrale über die von $\varepsilon_1, \varepsilon_2, \varepsilon_3$ abhängigen Integrationsbereiche $D(\varepsilon_1, \varepsilon_2, \varepsilon_3)$, $\Omega(\varepsilon_1, \varepsilon_2, \varepsilon_3)$, $R(\varepsilon_1, \varepsilon_2, \varepsilon_3)$ nach Potenzen von $\varepsilon_1, \varepsilon_2, \varepsilon_3$:

(8.1)
$$\iint_{D(\varepsilon_1,\varepsilon_2,\varepsilon_3)} L(x,z;\varepsilon_1,\varepsilon_2,\varepsilon_3)\,dx\,dz$$

$$= \int_{L(\varepsilon_1,\varepsilon_2,\varepsilon_3)} dx \int_{\tau(x;\varepsilon_1,\varepsilon_2,\varepsilon_3)}^{F(x,0;\varepsilon_1,\varepsilon_2,\varepsilon_3)} L(x,z;\varepsilon_1,\varepsilon_2,\varepsilon_3)\,dz$$

$$= \iint_{D_0} L(x,z;0,0,0)\,dx\,dz$$

$$+ \sum_{j,k=0}^{1} \varepsilon_1\varepsilon_2^j\varepsilon_3^k \left[\iint_{D_0} L_{\varepsilon_1\varepsilon_2^j\varepsilon_3^k}(x,z;0,0,0)\,dx\,dz \right.$$

$$+ \int_{L_0} F_{1jk}(x,0)\,L(x,F_{000}(x,0);0,0,0)\,dx$$

$$\left. - \int_{L_0} \tau_{1jk}(x)\,L(x,\tau_{000}(x);0,0,0)\,dx \right] + \cdots ;$$

(8.2)
$$\iint_{\Omega(\varepsilon_1,\varepsilon_2,\varepsilon_3)} N(x,y;\varepsilon_1,\varepsilon_2,\varepsilon_3)\,dx\,dy$$

$$= \int_{-\infty}^{+\infty} dx \left[\int_{-B-\varepsilon_3 b(0)}^{-f(x,0;\varepsilon_1,\varepsilon_2,\varepsilon_3)} N(x,y;\varepsilon_1,\varepsilon_2,\varepsilon_3)\,dy \right.$$

$$\left. + \int_{f(x,0;\varepsilon_1,\varepsilon_2,\varepsilon_3)}^{B+\varepsilon_3 b(0)} N(x,y;\varepsilon_1,\varepsilon_2,\varepsilon_3)\,dy \right]$$

$$= \iint_{\Omega_0} N(x,y;0,0,0)\,dx\,dy$$

$$+ \varepsilon_1 \left[\iint_{\Omega_0} N_{\varepsilon_1}(x,y;0,0,0)\,dx\,dy \right.$$

$$\left. - \int_{L_0} f_{100}(x,0)\{N(x,-f_{000}(x);0,0,0)+N(x,+f_{000}(x);0,0,0)\}\,dx \right]$$

$$+ \varepsilon_3 \left[b(0) \int_{-\infty}^{+\infty} \{N(x,+B;0,0,0)+N(x,-B;0,0,0)\}\,dx \right]$$

$$+ \varepsilon_1 \varepsilon_2 \left[\iint_{\Omega_0} N_{\varepsilon_1 \varepsilon_2}(x, y; 0, 0, 0) \, dx \, dy \right.$$

$$\left. - \int_{L_0} f_{110}(x, 0) \{N(x, -f_{000}(x); 0, 0, 0) + N(x, +f_{000}(x); 0, 0, 0)\} \, dx \right]$$

$$+ \varepsilon_1 \varepsilon_3 \left[\iint_{\Omega_0} N_{\varepsilon_1 \varepsilon_3}(x, y; 0, 0, 0) \, dx \, dy \right.$$

$$- \int_{L_0} f_{101}(x, 0) \{N(x, -f_{000}(x); 0, 0, 0) + N(x, +f_{000}(x); 0, 0, 0)\} \, dx$$

$$\left. + b(0) \int_{-\infty}^{+\infty} \{N_{\varepsilon_1}(x, +B; 0, 0, 0) + N_{\varepsilon_1}(x, -B; 0, 0, 0)\} \, dx \right]$$

$$+ \varepsilon_1 \varepsilon_2 \varepsilon_3 \left[\iint_{\Omega_0} N_{\varepsilon_1 \varepsilon_2 \varepsilon_3}(x, y; 0, 0, 0) \, dx \, dy \right.$$

$$- \int_{L_0} f_{111}(x, 0) \{N(x, -f_{000}(x); 0, 0, 0) + N(x, +f_{000}(x); 0, 0, 0)\} \, dx$$

$$\left. + b(0) \int_{-\infty}^{+\infty} \{N_{\varepsilon_1 \varepsilon_2}(x, +B; 0, 0, 0) + N_{\varepsilon_1 \varepsilon_2}(x, -B; 0, 0, 0)\} \, dx \right] + \cdots.$$

Ferner haben wir

$$(8.3) \qquad \iint_{R(\varepsilon_1, \varepsilon_2, \varepsilon_3)} P(x, z; \varepsilon_1, \varepsilon_2, \varepsilon_3) \, dx \, dz$$

$$= \int_{-\infty}^{+\infty} dx \int_{-h}^{F(x, B; \varepsilon_1, \varepsilon_2, \varepsilon_3)} P(x, z; \varepsilon_1, \varepsilon_2, \varepsilon_3) \, dx \, dz$$

$$= \iint_{R_0} P(x, z; 0, 0, 0) \, dx \, dz$$

$$+ \sum_{j,k=0}^{1} \varepsilon_1 \varepsilon_2^j \varepsilon_3^k \left[\iint_{R_0} P_{\varepsilon_1 \varepsilon_2^j \varepsilon_3^k}(x, z; 0, 0, 0) \, dx \, dz \right.$$

$$\left. + \int_{-\infty}^{+\infty} F_{1jk}(x, B) \, P(x, F_{000}(x, B); 0, 0, 0) \, dx \right] + \cdots.$$

Hierbei haben wir vorausgesetzt, daß

$$P_{\varepsilon_2}(x, z; 0, 0, 0) = P_{\varepsilon_3}(x, z; 0, 0, 0) = L_{\varepsilon_2}(x, z; 0, 0, 0) = L_{\varepsilon_3}(x, z; 0, 0, 0)$$
$$= N_{\varepsilon_2}(x, y; 0, 0, 0) = N_{\varepsilon_3}(x, y; 0, 0,) \equiv 0$$

ist.

Ferner sind in (8.1) die $\tau_{ijk}(x)$ die Koeffizienten der Potenzreihe

$$(8.4) \qquad \tau(x; \varepsilon_1, \varepsilon_2, \varepsilon_3) = \sum_{i,j,k=0}^{\infty} \varepsilon_1^i \varepsilon_2^j \varepsilon_3^k \tau_{ijk}(x),$$

welche aus

(8.5) $\quad -x \sin \alpha + (z-t) \cos \alpha - \tau_0(x \cos \alpha + (z-t) \sin \alpha) = 0$

wegen

$$z = \tau(x; \varepsilon_1, \varepsilon_2, \varepsilon_3)$$

zu

$\tau_{000}(x) = \tau_0(x),$

(8.6) $\quad \tau_{1jk}(x) = t_{1jk} + [x + \tau_{0x}(x) \tau_0(x)] \alpha_{1jk}, \qquad 0 \leq j, k \leq 1,$

. . . .

erhalten werden.

Unter Beachtung der Relationen (3.9) bis (3.10), (3.13), (3.15), (3.16), (3.19), (3.21) ergeben sich hiermit die einzelnen Störpotentiale zu:

(8.7) $\quad \varphi_{100}(x, y, z) = \iint\limits_{D_0} q_{100}(\xi, \zeta) \, G^{(1)}(x, y, z; \xi, \zeta) \, d\xi \, d\zeta,$

(8.8) $\quad \varphi_{110}(x, y, z) = \iint\limits_{\Omega_0} g_{110}(\xi, \eta) \, G^{(3)}(x, y, z; \xi, \eta) \, d\xi \, d\eta,$

(8.9) $\quad \varphi_{101}(x, y, z) = \iint\limits_{R_0} b_{101}(\xi, \zeta) \, [G^{(+)}(x, y, z; \xi, \zeta)$
$\qquad\qquad\qquad - G^{(-)}(x, y, z; \xi, \zeta)] \, d\xi \, d\zeta,$

(8.10) $\quad \varphi_{111}(x, y, z) = \iint\limits_{\Omega_0} g_{111}(\xi, \eta) \, G^{(3)}(x, y, z; \xi, \eta) \, d\xi \, d\eta$
$\qquad\qquad\qquad + \iint\limits_{R_0} b_{111}(\xi, \zeta) \, [G^{(+)}(x, y, z; \xi, \zeta)$
$\qquad\qquad\qquad - G^{(-)}(x, y, z; \xi, \zeta)] \, d\xi \, d\zeta,$

(8.11) $\quad \varphi_{200}(x, y, z) = \iint\limits_{D_0} q_{200}(\xi, \zeta) \, G^{(1)}(x, y, z; \xi, \zeta) \, d\xi \, d\zeta$
$\qquad\qquad\qquad + \iint\limits_{\Omega_0} \gamma_{200}(\xi, \eta) \, G^{(2)}(x, y, z; \xi, \eta) \, d\xi \, d\eta$
$\qquad\qquad\qquad + \int\limits_{L_0} F_{100}(\xi, 0) \, q_{100}(\xi, 0) \, G^{(1)}(x, y, z; \xi, 0) \, d\xi$
$\qquad\qquad\qquad - \int\limits_{L_0} \tau_{100}(\xi) \, q_{100}[\xi, \tau_0(\xi)] \, G^{(1)}(x, y, z; \xi, \tau_0(\xi)) \, d\xi,$

(8.12) $\quad \varphi_{210}(x, y, z) = \iint\limits_{D_0} q_{210}(\xi, \zeta) \, G^{(1)}(x, y, z; \xi, \zeta) \, d\xi \, d\zeta$
$\qquad\qquad\qquad + \iint\limits_{\Omega_0} \gamma_{210}(\xi, \eta) \, G^{(2)}(x, y, z; \xi, \eta) \, d\xi \, d\eta$
$\qquad\qquad\qquad + \iint\limits_{\Omega_0} g_{210}(\xi, \eta) \, G^{(3)}(x, y, z; \xi, \eta) \, d\xi \, d\eta$
$\qquad\qquad\qquad + \int\limits_{L_0} F_{110}(\xi, 0) \, q_{100}(\xi, 0) \, G^{(1)}(x, y, z; \xi, 0) \, d\xi$
$\qquad\qquad\qquad - \int\limits_{L_0} \tau_{110}(\xi) \, q_{100}[\xi, \tau_0(\xi)] \, G^{(1)}(x, y, z; \xi, \tau_0(\xi)) \, d\xi,$

$$
\begin{aligned}
(8.13)\quad \varphi_{201}(x,y,z) =& \iint_{D_0} q_{201}(\xi,\zeta)\, G^{(1)}(x,y,z;\xi,\zeta)\, d\xi\, d\zeta \\
&+ \iint_{\Omega_0} \gamma_{201}(\xi,\eta)\, G^{(2)}(x,y,z;\xi,\eta)\, d\xi\, d\eta \\
&+ \iint_{R_0} b_{201}(\xi,\zeta)\, [G^{(+)}(x,y,z;\xi,\zeta) - G^{(-)}(x,y,z;\xi,\zeta)]\, d\xi\, d\zeta \\
&+ \int_{L_0} F_{101}(\xi,0)\, q_{100}(\xi,0)\, G^{(1)}(x,y,z;\xi,0)\, d\xi \\
&- \int_{L_0} \tau_{101}(\xi)\, q_{100}[\xi,\tau_0(\xi)]\, G^{(1)}(x,y,z;\xi,\tau_0(\xi))\, d\xi \\
&+ b(0) \int_{-\infty}^{+\infty} \{\gamma_{200}(\xi,+B)\, G^{(2)}(x,y,z;\xi,+B) \\
&+ \gamma_{200}(\xi,-B)\, G^{(2)}(x,y,z;\xi,-B)\}\, d\xi \\
&+ \int_{-\infty}^{+\infty} F_{100}(\xi,B)\, b_{101}(\xi,0)\, \{G^{(+)}(x,y,z;\xi,0) \\
&+ G^{(-)}(x,y,z;\xi,0)\}\, d\xi,
\end{aligned}
$$

$$
\begin{aligned}
(8.14)\quad \varphi_{211}(x,y,z) =& \iint_{D_0} q_{211}(\xi,\zeta)\, G^{(1)}(x,y,z;\xi,\zeta)\, d\xi\, d\zeta \\
&+ \iint_{\Omega_0} \gamma_{211}(\xi,\eta)\, G^{(2)}(x,y,z;\xi,\eta)\, d\xi\, d\eta \\
&+ \iint_{\Omega_0} g_{211}(\xi,\eta)\, G^{(3)}(x,y,z;\xi,\eta)\, d\xi\, d\eta \\
&+ \iint_{R_0} b_{211}(\xi,\zeta)\, \{G^{(+)}(x,y,z;\xi,\zeta) + G^{(-)}(x,y,z;\xi,\zeta)\}\, d\xi\, d\zeta \\
&+ \int_{L_0} F_{111}(\xi,0)\, q_{100}(\xi,0)\, G^{(1)}(x,y,z;\xi,0)\, d\xi \\
&- \int_{L_0} \tau_{111}(\xi)\, q_{100}(\xi,\tau_0(\xi))\, G^{(1)}(x,y,z;\xi,\tau_0(\xi))\, d\xi \\
&+ b(0) \int_{-\infty}^{+\infty} \{\gamma_{210}(\xi,+B)\, G^{(2)}(x,y,z;\xi,+B) \\
&+ \gamma_{210}(\xi,-B)\, G^{(2)}(x,y,z;\xi,-B)\}\, d\xi \\
&+ \int_{-\infty}^{+\infty} \{F_{100}(\xi,B)\, b_{111}(\xi,0) + F_{110}(\xi,B)\, b_{101}(\xi,0)\} \\
&\times \{G^{(+)}(x,y,z;\xi,0) + G^{(-)}(x,y,z;\xi,0)\}\, d\xi.
\end{aligned}
$$

Darstellungen für die weiteren Störpotentiale können in gleicher Weise erhalten werden.

In diesen Formeln treten aber in den $\tau_{1jk}(\xi)$ ($0 \leq j, k \leq 1$) die Größen α_{1jk} und t_{1jk} auf, zu deren Festlegung noch die Entwicklungen der Gleichgewichtsbedingungen (2.17), (2.18) nach Potenzen von $\varepsilon_1, \varepsilon_2, \varepsilon_3$ aufgestellt werden müssen.

9. Potenzreihenentwicklung für Wellenwiderstand, Auftriebskraft und Moment M_y

Wir gehen aus von den Formeln (7.13) bis (7.15) für den Wellenwiderstand W, die Auftriebskraft A und das Moment M_y.
Dann erhalten wir die Koeffizienten der ersten Glieder in den Potenzreihenentwicklungen

(9.1) $\quad W(\varepsilon_1, \varepsilon_2, \varepsilon_3) = \varepsilon_1^2 W_{200} + \varepsilon_1^2 \varepsilon_2 W_{210} + \varepsilon_1^2 \varepsilon_3 W_{201} + \varepsilon_1^2 \varepsilon_2 \varepsilon_3 W_{211} + \cdots,$

(9.2) $\quad A(\varepsilon_1, \varepsilon_2, \varepsilon_3) = \varepsilon_1^2 A_{200} + \varepsilon_1^2 \varepsilon_2 A_{210} + \varepsilon_1^2 \varepsilon_3 A_{201} + \varepsilon_1^2 \varepsilon_2 \varepsilon_3 A_{211} + \cdots,$

(9.3) $\quad M_y(\varepsilon_1, \varepsilon_2, \varepsilon_3) = \varepsilon_1^2 M_{200} + \varepsilon_1^2 \varepsilon_2 M_{210} + \varepsilon_1^2 \varepsilon_3 M_{201} + \varepsilon_1^2 \varepsilon_2 \varepsilon_3 M_{211} + \cdots$

durch wiederholte Anwendung der Formeln (8.1) bis (8.3) zu:

(9.4) $\quad W_{200} = -2\varrho c^2 \iint\limits_{D_0} f_{0x}(x,z)\, dx\, dz \iint\limits_{D_0} f_{0\xi}(\xi,\zeta)\, G_{0x}^{(1)}(x,0,z;\xi,\zeta)\, d\xi\, d\zeta,$

(9.5) $\quad W_{210} = 2\varrho c \iint\limits_{D_0} f_{0x}(x,z)\, dx\, dz \iint\limits_{\Omega_0} \{-\varphi_{100\eta}(\xi,\eta,-h)\, g_\eta(\eta)$
$\qquad + \varphi_{100\zeta\zeta}(\xi,\eta,-h)\, g(\eta)\}\, G_x^{(3)}(x,0,z;\xi,\eta)\, d\xi\, d\eta,$

(9.6) $\quad W_{201} = 2\varrho c \iint\limits_{D_0} f_{0x}(x,z)\, dx\, dz \iint\limits_{R_0} \{\varphi_{100\zeta}(\xi,B,\zeta)\, b_\zeta(\zeta)$
$\qquad + \varphi_{100\eta\eta}(\xi,B,\zeta)\, b(\zeta)\}$
$\qquad \times \{G_x^{(+)}(x,0,z;\xi,\zeta) - G_x^{(-)}(x,0,z;\xi,\zeta)\}\, d\xi\, d\zeta,$

(9.7) $\quad W_{211} = 2\varrho c \iint\limits_{D_0} f_{0x}(x,z)\, dx\, dz \iint\limits_{\Omega_0} \{-\varphi_{101\eta}(\xi,\eta,-h)\, g_\eta(\eta)$
$\qquad + \varphi_{101\zeta\zeta}(\xi,\eta,-h)\, g(\eta)\}\, G_x^{(3)}(x,0,z;\xi,\eta)\, d\xi\, d\eta$
$\qquad + 2\varrho c \iint\limits_{D_0} f_{0x}(x,z)\, dx\, dz \iint\limits_{R_0} \{\varphi_{110\zeta}(\xi,B,\zeta)\, b(\zeta)$
$\qquad + \varphi_{110\eta\eta}(\xi,B,\zeta)\, b(\zeta)\}$
$\qquad \times \{G_x^{(+)}(x,0,z;\xi,\zeta) - G_x^{(-)}(x,0,z;\xi,\zeta)\}\, d\xi\, d\zeta,$

. . . .

(9.8) $\quad A_{200} = -2\varrho c^2 \iint\limits_{D_0} f_{0x}(x,z)\, dx\, dz \iint\limits_{D_0} f_{0\xi}(\xi,\zeta)\, G_{0z}^{(1)}(x,0,z;\xi,\zeta)\, d\xi\, d\zeta,$

(9.9) $\quad A_{210} = +2\varrho c \iint\limits_{D_0} f_{0x}(x,z)\, dx\, dz \iint\limits_{\Omega_0} \{-\varphi_{100\eta}(\xi,\eta,-h)\, g_\eta(\eta)$
$\qquad + \varphi_{100\zeta\zeta}(\xi,\eta,-h)\, g(\eta)\}\, G_z^{(3)}(x,0,z;\xi,\eta)\, d\xi\, d\eta,$

(9.10) $\quad A_{201} = +2\varrho c \iint\limits_{D_0} f_{0x}(x,z)\, dx\, dz \iint\limits_{R_0} \{\varphi_{100\zeta}(\xi,B,\zeta)\, b_\zeta(\zeta)$
$\qquad + \varphi_{100\eta\eta}(\xi,B,\zeta)\, b(\zeta)\}$
$\qquad \times \{G_z^{(+)}(x,0,z;\xi,\zeta) - G_z^{(-)}(x,0,z;\xi,\zeta)\}\, d\xi\, d\zeta,$

(9.11) $$A_{211} = +2\varrho c \iint_{D_0} f_{0x}(x,z)\,dx\,dz \iint_{\Omega_0} \{-\varphi_{101\eta}(\xi,\eta,-h)g_\eta(\eta)$$
$$+ \varphi_{101\zeta\zeta}(\xi,\eta,-h)g(\eta)\}\,G_z^{(3)}(x,0,z;\xi,\eta)\,d\xi\,d\eta$$
$$+ 2\varrho c \iint_{D_0} f_{0x}(x,z)\,dx\,dz \iint_{R_0} \{\varphi_{110\zeta}(\xi,B,\zeta)b_\zeta(\zeta)$$
$$+ \varphi_{110\eta\eta}(\xi,B,\zeta)b(\zeta)\}$$
$$\times \{G_z^{(+)}(x,0,z;\xi,\zeta) - G_z^{(-)}(x,0,z;\xi,\zeta)\}\,d\xi\,d\zeta,$$

. . . .

(9.12) $$M_{200} = 2\varrho c^2 \iint_{D_0} f_{0x}(x,z)\,dx\,dz \iint_{D_0} f_{0\xi}(\xi,\zeta)\,\{x\,G_{0z}^{(1)}(x,0,z;\xi,\zeta)$$
$$- z\,G_{0x}^{(1)}(x,0,z;\xi,\zeta)\}\,d\xi\,d\zeta$$
$$- 2\varrho c \iint_{D_0} \varphi_{100z}(x,0,z)f_0(x,z)\,dx\,dz,$$

(9.13) $$M_{210} = -2\varrho c \iint_{D_0} f_{0x}(x,z)\,dx\,dz \iint_{\Omega_0} \{-\varphi_{100\eta}(\xi,\eta,-h)g_\eta(\eta)$$
$$+ \varphi_{100\zeta\zeta}(\xi,\eta,-h)g(\eta)\}\,\{x\,G_z^{(3)}(x,0,z;\xi,\eta)$$
$$- z\,G_x^{(3)}(x,0,z;\xi,\eta)\}\,d\xi\,d\eta - 2\varrho c \iint_{D_0} \varphi_{110z}(x,0,z)f_0(x,z)\,dx\,dz,$$

(9.14) $$M_{201} = -2\varrho c \iint_{D_0} f_{0x}(x,z)\,dx\,dz \iint_{R_0} \{\varphi_{100\zeta}(\xi,B,\zeta)b_\zeta(\zeta)$$
$$+ \varphi_{100\eta\eta}(\xi,B,\zeta)b(\zeta)\}$$
$$\times [x\,\{G_z^{(+)}(x,0,z;\xi,\zeta) - G_z^{(-)}(x,0,z;\xi,\zeta)\}$$
$$- z\,\{G_x^{(+)}(x,0,z;\xi,\zeta) - G_x^{(-)}(x,0,z;\xi,\zeta)\}]\,d\xi\,d\zeta$$
$$- 2\varrho c \iint_{D_0} \varphi_{101z}(x,0,z)f_0(x,z)\,dx\,dz,$$

(9.15) $$M_{211} = -2\varrho c \iint_{D_0} f_{0x}(x,z)\,dx\,dz \iint_{\Omega_0} \{-\varphi_{101\eta}(\xi,\eta,-h)g_\eta(\eta)$$
$$+ \varphi_{101\zeta\zeta}(\xi,\eta,-h)g(\eta)\}$$
$$\times \{x\,G_z^{(3)}(x,0,z;\xi,\eta) - z\,G_x^{(3)}(x,0,z;\xi,\eta)\}\,d\xi\,d\eta$$
$$- 2\varrho c \iint_{D_0} f_{0x}(x,z)\,dx\,dz \iint_{R_0} \{\varphi_{110\zeta}(\xi,B,\zeta)b_\zeta(\zeta)$$
$$+ \varphi_{110\eta\eta}(\xi,B,\zeta)b(\zeta)\}$$
$$\times [x\,\{G_z^{(+)}(x,0,z;\xi,\zeta) - G_z^{(-)}(x,0,z;\xi,\zeta)\}$$
$$- z\,\{G_x^{(+)}(x,0,z;\xi,\zeta) - G_x^{(-)}(x,0,z;\xi,\zeta)]\,d\xi\,d\zeta$$
$$- 2\varrho c \iint_{D_0} \varphi_{111z}(x,0,z)f_0(x,z)\,dx\,dz,$$

. . . .

Die Formeln (9.4) bis (9.15) erlauben die sukzessive Berechnung von Wellenwiderstand, Auftriebskraft und Trimmoment. Allerdings treten in den Formeln für das Trimmoment wieder die zunächst unbekannten Tauchungen t_{1jk} und Trimmwinkel α_{1jk} auf.

10. Entwicklung der Gleichgewichtsbedingungen in Potenzreihen nach den Störparametern

Zum vollständigen Abschluß unserer rekursiven Bestimmung der interessierenden physikalischen Größen verbleibt nur noch die Aufstellung von Gleichungen für die Tauchungen t_{1jk} und die Trimmwinkel α_{1jk}. Diese Gleichungen erhalten wir, wie bereits erwähnt, durch Entwicklung der Gleichgewichtsbedingungen (2.17), (2.18) nach Potenzen der Störparameter ε_1, ε_2, ε_3.
Hierzu schreiben wir die Gleichgewichtsbedingungen in der folgenden Form:

a) Komponentenbedingung in z-Richtung:

(10.1) $\quad -2\varepsilon_1 \gamma \iint_{D_0} f_0(x, z)\,dx\,dz + A(\varepsilon_1, \varepsilon_2, \varepsilon_3)$
$$+ 2\gamma \iint_{D(\varepsilon_1, \varepsilon_2, \varepsilon_3)} f(x, z; \varepsilon_1, \varepsilon_2, \varepsilon_3)\,dx\,dz = 0;$$

b) Momentenbedingung, bezogen auf die y-Achse:

(10.2) $\quad -2\varepsilon_1 \gamma \iint_{D_0} x f_0(x, z)\,dx\,dz + M_y(\varepsilon_1, \varepsilon_2, \varepsilon_3)$
$$+ 2\gamma \iint_{D(\varepsilon_1, \varepsilon_2, \varepsilon_3)} x f(x, z; \varepsilon_1, \varepsilon_2, \varepsilon_3)\,dx\,dz = 0.$$

Die Potenzreihenentwicklung für den Auftrieb $A(\varepsilon_1, \varepsilon_2, \varepsilon_3)$ und das Trimmmoment $M_y(\varepsilon_1, \varepsilon_2, \varepsilon_3)$ wurden bereits im vorigen Abschnitt ermittelt.
Es verbleibt also nur noch die Aufgabe, die in (10.1) und (10.2) links vom Gleichheitszeichen stehenden Glieder

$$2\gamma \iint_{D(\varepsilon_1, \varepsilon_2, \varepsilon_3)} f(x, z; \varepsilon_1, \varepsilon_2, \varepsilon_3)\,dx\,dz \quad \text{und} \quad 2\gamma \iint_{D(\varepsilon_1, \varepsilon_2, \varepsilon_3)} x f(x, z; \varepsilon_1, \varepsilon_2, \varepsilon_3)\,dx\,dz$$

nach Potenzen von ε_1, ε_2, ε_3 zu entwickeln. Dies geschieht wieder durch Anwendung der Formel (8.1). Wir erhalten:

(10.3) $\quad 2\gamma \iint_{D(\varepsilon_1, \varepsilon_2, \varepsilon_3)} x^r f(x, z; \varepsilon_1, \varepsilon_2, \varepsilon_3)\,dx\,dz = \varepsilon_1 \left[2\gamma \iint_{D_0} x^r f_0(x, z)\,dx\,dz \right.$

$+ \varepsilon_1 \varepsilon_2 [0] + \varepsilon_1 \varepsilon_3 [0] + \varepsilon_1 \varepsilon_2 \varepsilon_3 [0]$

$+ \sum_{j,k=0}^{1} \varepsilon_1^{\,2} \varepsilon_2^{\,j} \varepsilon_3^{\,k} \Big[2\gamma \iint_{D_0} x^r [\alpha_{1jk}\{z f_{0x}(x, z) - x f_{0z}(x, z)\}$
$$- t_{1jk} f_{0z}(x, z)]\,dx\,dz$$

$+ 2\gamma \dfrac{c}{g} \int_{L_0} x^r f_0(x, 0)\, \varphi_{1jkx}(x, 0, 0)\,dx$

$\left. - 2\gamma \int_{L_0} x^r f_0[x, \tau_0(x)] \{t_{1jk} + \alpha_{1jk}[x + \tau_{0x}(x)\,\tau_0(x)]\}\,dx \right]$

$+ \cdots, \qquad (r = 0, 1).$

Beachten wir, daß

(10.4) $\quad f_0[x, \tau_0(x)] \equiv 0$

und benutzen noch die durch partielle Integration zu gewinnenden Umformungen:

(10.5) $\quad \iint\limits_{D_0} x^r z f_{0x}(x, z)\, dx\, dz = -\iint\limits_{D_0} r x^{r-1} z f_0(x, z)\, dx\, dz,$

(10.6) $\quad \iint\limits_{D_0} x^r x f_{0z}(x, z)\, dx\, dz = \int\limits_{L_0} x^r x f_0(x, 0)\, dx,$

(10.7) $\quad \iint\limits_{D_0} x^r f_{0z}(x, z)\, dx\, dz = \int\limits_{L_0} x^r f_0(x, 0)\, dx,$

so erhalten wir

(10.8) $\quad 2\gamma \iint\limits_{D(\varepsilon_1, \varepsilon_2, \varepsilon_3)} x^r f(x, z; \varepsilon_1, \varepsilon_2, \varepsilon_3)\, dx\, dz = \varepsilon_1 \left[2\gamma \iint\limits_{D_0} x^r f_0(x, z)\, dx\, dz \right]$

$+ \varepsilon_1 \varepsilon_2 [0] + \varepsilon_1 \varepsilon_3 [0] + \varepsilon_1 \varepsilon_2 \varepsilon_3 [0]$

$+ \sum\limits_{j,k=0}^{1} \varepsilon_1^2 \varepsilon_2^j \varepsilon_3^k \left[-2\gamma \alpha_{1jk} \left\{ r \iint\limits_{D_0} x^{r-1} z f_0(x, z)\, dx\, dz + \int\limits_{L_0} x^{r+1} f_0(x, 0)\, dx \right\} \right.$

$\left. -2\gamma t_{1jk} \int\limits_{L_0} x^r f_0(x, 0)\, dx + 2\gamma \frac{c}{g} \int\limits_{L_0} x^r f_0(x, 0)\, \varphi_{1jkx}(x, 0, 0)\, dx \right]$

$+ \cdots, \qquad (r = 0, 1).$

Setzt man noch zur Abkürzung:

(10.9) $\quad S = 2 \int\limits_{L_0} f_0(x, 0)\, dx \qquad$ Fläche der Ladewasserlinie,

(10.10) $\quad M_S = 2 \int\limits_{L_0} x f_0(x, 0)\, dx \qquad$ Statisches Moment der Ladewasserlinie bezüglich der y'-Achse,

(10.11) $\quad I_S = 2 \int\limits_{L_0} x^2 f_0(x, 0)\, dx \qquad$ Trägheitsmoment der Ladewasserlinie bezüglich der y'-Achse,

(10.12) $\quad V_0 = 2 \iint\limits_{D_0} f_0(x, z)\, dx\, dz \qquad$ Volumen des Unterwasserschiffes in ruhendem Wasser,

(10.13) $\quad z_g = \dfrac{\iint\limits_{D_0} z f_0(x, z)\, dx\, dz}{\iint\limits_{D_0} f_0(x, z)\, dx\, dz} \qquad$ z-Koordinate des Schwerpunktes des Unterwasserschiffes in ruhendem Wasser,

so erhält man durch Einführung der Entwicklungen (9.2) bis (9.3) und (10.8) in (10.1) bzw. (10.2) mit den Abkürzungen (10.9) bis (10.13)

(10.14) $\quad \gamma S t_{1jk} + \gamma M_S \alpha_{1jk} = A_{2jk} + 2\varrho c \int\limits_{L_0} f_0(x, 0)\, \varphi_{1jkx}(x, 0, 0)\, dx,$

(10.15) $\quad \gamma M_S t_{1jk} + \gamma (I_S + V_0 z_g)\, \alpha_{1jk} = M_{2jk}$
$\qquad\qquad + 2\varrho c \int\limits_{L_0} x f_0(x, 0)\, \varphi_{1jkx}(x, 0, 0)\, dx,$

$\qquad\qquad\qquad\qquad (0 \leq j, k \leq 1)$

Bestimmen wir die t_{1jk} und α_{1jk} aus dem System (10.14), (10.15), so können wir die $q_{2jk}(x, z)$ nach (3.21) und schließlich die Potentialfunktionen $\varphi_{2jk}(x, y, z)$ nach (8.11) bis (8.14) berechnen ($0 \leq j, k \leq 1$). In entsprechender Weise können dann auch die Koeffizienten der höheren Potenzen von ε_1, ε_2, ε_3 in unseren Entwicklungen bestimmt werden. Auf diese Art ist der Prozeß der Berechnung der Größen, welche unseren Bewegungsvorgang bestimmen, vollständig abgeschlossen. Die numerische Auswertung der mitgeteilten Ergebnisse wird Gegenstand einer weiteren Arbeit sein.

Dr. Franz Kolberg

Literaturverzeichnis

[1] EGGERS, K., Über den Wellenwiderstand von Zweikörperschiffen. Jahrbuch der Schiffbautechnischen Gesellschaft (1956).

[2] KOLBERG, F., Theoretische Untersuchung des Begegnungs- oder Überholungsvorganges von Schiffen. Forschungsbericht des Landes Nordrhein-Westfalen Nr. 1316.

[3] KOLBERG, F., The Motion of a Ship in Restricted Water. International Seminar on Theoretical Wave Resistance, Ann. Arbor, Michigan (1963).

[4] LUNDE, J. K., On the Linearized Theory of Wave Resistance for Displacement Ships in Steady and Accelerated Motion. Trans. Soc. Nav. Arch. Mar. Eng. New York (1951).

[5] NEWMAN, J. N., A Linearized Theory for the Motion of a Ship in Regular Waves. Journal of Ship Research, Vol. 5 (1961).

[6] PETERS, A. S., und J. J. STOKER, The Motion of a Ship, as a Floating Rigid Body, in a Seaway. Comm. Pure Appl. Math., Vol. X (1957).

[7] SISOW, V. G., To the Theory of Wave Resistance of Ships in Calm Water. Iswestij. Akad. Nauk. SSSR, Otd. tekhn. Nauk, Mekh. i. Maschinostr. (1961).

[8] WEHAUSEN, J. V., Wave Resistance of Thin Ships. Symp. on Naval Hydrodynamics, Washington D.C. (1956).

[9] WEHAUSEN, J. V., und E. V. LAITONE, Surface Waves. In Encyclopedia of Physics, Vol. IX, Fluid Dynamics III (1960).

[10] WEHAUSEN, J. V., An Approach to Thin-Ship Theory. International Seminar on Theoretical Wave-Resistance, Ann. Arbor, Michigan (1963).

FORSCHUNGSBERICHTE DES LANDES NORDRHEIN-WESTFALEN

Herausgegeben im Auftrage des Ministerpräsidenten Dr. Franz Meyers
von Staatssekretär Prof. Dr. h. c., Dr.-Ing. E. h. Leo Brandt

MATHEMATIK

HEFT 310
Dr. rer. nat. Paul Friedrich Müller, Bonn
Die Integrieranlage des Rheinisch-Westfälischen Instituts für Instrumentelle Mathematik in Bonn
1956. 54 Seiten, 6 Abb., 31 Schaltskizzen. DM 14,45

HEFT 912
Prof. Dr. rer. techn. Fritz Reutter,
Mathematisches Institut der Rhein.-Westf.
Technischen Hochschule Aachen
Die nomographische Darstellung von Funktionen einer komplexen Veränderlichen und damit in Zusammenhang stehende Fragen der praktischen Mathematik
1960. 119 Seiten, 4 Abb., 3 Tabellen,
Anhang mit vielen Abb. DM 35,40

HEFT 1003
Prof. Dr. rer. techn. Fritz Reutter,
Institut für Geometrie und Praktische Mathematik
der Rhein.-Westf. Technischen Hochschule Aachen
Untersuchungen über die praktische Verwendbarkeit einiger Verfahren der angewandten Mathematik, insbesondere der graphischen Analysis, sowie Entwicklung weiterer Verfahren für bestimmte Anwendungsaufgaben.
1961, 99 Seiten, 28 Abb., zahlr. Tabellen. DM 32,10

HEFT 1018
Prof. Dr. Hubert Cremer,
Institut für Mathematik und Großrechenanlagen
der Rhein.-Westf. Technischen Hochschule Aachen
Prof. Dr. rer. nat. Georg Schmitz,
Physikalisches Institut
der Rhein.-Westf. Technischen Hochschule Aachen
Geschwindigkeitskorrekturen in Windkanälen mit geschlossener und offener Meßstrecke bei kompressibler Unterschallströmung
1961. 79 Seiten, 44 Abb. DM 24,10

HEFT 1063
Prof. Dr. rer. techn. Fritz Reutter,
Institut für Geometrie und Praktische Mathematik
der Rhein.-Westf. Technischen Hochschule Aachen
Untersuchungen auf dem Gebiet der praktischen Mathematik und damit verwandter Fragen der Geometrie: Regelflächen vierter Ordnung in der linearen Strahlenkongruenz-Betragflächen elliptischer Funktionen.
1962. 100 Seiten, 33 Abb., 2 Tabellen. DM 30,80

HEFT 1074
Prof. Dr. rer. techn. Fritz Reutter und
Dr. rer. nat. Gerhard Patzelt,
Institut für Geometrie und praktische Mathematik
der Rhein.-Westf. Technischen Hochschule Aachen
Mathematische Behandlung einer angenäherten quasilinearen Potentialgleichung der ebenen kompressiblen Strömung
1962. 87 Seiten, 15 Abb., 10 Tabellen. DM 53,—

HEFT 1262
Pnof. Dr. Hubert Cremer, Dr. Friedrich-Heinz Effertz und Dr. Karl-Hermann Breuer,
Institut für Mathematik und Großrechenanlagen
der Rhein.-Westf. Technischen Hochschule Aachen
Zur Synthese zweipoliger elektrischer Netzwerke mit vorgeschriebenen Frequenzcharakteristiken
1964. 84 Seiten, 25 Abb. DM 49,50

HEFT 1263
Prof. Dr. Hubert Cremer, Dr. Friedrich-Heinz Effertz und Wilhelm Meuffels,
Institut für Mathematik und Großrechenanlagen
der Rhein.-Westf. Technischen Hochschule Aachen
Über Realisierbarkeitskriterien für die Synthese zweipoliger elektrischer Netzwerke mit vorgeschriebener Frequenzabhängigkeit
1963, 30 Seiten, DM 17,30

HEFT 1264
Prof. Dr. Hubert Cremer und Dr. Franz Kolberg,
Mathematisches Institut
der Rhein.-Westf. Techn. Hochschule Aachen
Der Strömungseinfluß auf den Wellenwiderstand von Schiffen *1964. 73 Seiten, 8 Abb. DM 67,—*

HEFT 1265
Dipl.-Ing. Fulvio Fonzi,
Institut für Arbeitswissenschaft
der Rhein.-Westf. Technischen Hochschule Aachen
Direktor: Prof. Dr.-Ing. Joseph Mathieu
Beitrag zur Anwendung mathematischer Methoden für eine wirtschaftlichere Gestaltung der Fertigung
1964. 73 Seiten, 36 Abb. DM 48,50

HEFT 1279
Dr. rer. nat. Karl-Heinz Böhling, Rhein.-Westf. Institut für Instrumentelle Mathematik Bonn
Zur Strukturtheorie sequentieller Automaten
1964. 73 Seiten, 6 Abb., 9 Tafeln. DM 45,—

HEFT 1290
Dr. rer. nat. Wolf-Dietrich Meisel,
Rhein.-Westf. Institut für Instrumentelle Mathematik, Bonn
Zur Simulation einer digitalen Integrieranlage mittels eines elektronischen Rechenautomaten
1963. 29 Seiten. DM 9,90

HEFT 1291
Dr. rer. nat. Gerhard Schröder, Rhein.-Westf. Institut für Instrumentelle Mathematik, Bonn
Über die Konvergenz einiger Jacobi-Verfahren zur Bestimmung der Eigenwerte symmetrischer Matrizen
1964. 59 Seiten, 5 Tabellen. DM 48,50

HEFT 1306
Prof. Dr. E. Peschl und Dr. Karl Wilhelm Bauer, Rheinisch-Westfälisches Institut für Instrumentelle Mathematik, Bonn
Über eine nichtlineare Differentialgleichung 2. Ordnung, die bei einem gewissen Abschätzverfahren eine besondere Rolle spielt.
1964. 59 Seiten, 13 Abb. DM 43,50

HEFT 1307
Dipl.-Math. Jürgen R. Mankopf, Rheinisch-Westfälisches Institut für Instrumentelle Mathematik, Bonn
Über die periodischen Lösungen der VAN DER POLschen Differentialgleichung $\ddot{x} + \mu(x^2 - 1)\dot{x} + x = 0$
1964. 55 Seiten, 13 Abb., 10 Phasenbilder im Anhang. DM 41,—

HEFT 1308
Dipl.-Math. Heinz Ober-Kassebaum, Rheinisch-Westfälisches Institut für Instrumentelle Mathematik, Bonn
Über die P-Seperation der Schrödlinger-Gleichung und der Laplace-Gleichung in Riemannschen Räumen
1964. 68 Seiten. DM 42,50

HEFT 1316
Dr. Franz Kolberg,
Institut für Mathematik und Großrechenanlagen der Rhein.-Westf. Technischen Hochschule Aachen
Direktor: Prof. Dr. Hubert Cremer
Theoretische Untersuchung des Begegnungs- oder Überholungsvorganges von Schiffen
1964. 80 Seiten, 13 Abb. DM 76,50

HEFT 1317
Prof. Dr. Hubert Cremer und Dr. Franz Kolberg, Institut für Mathematik und Großrechenanlagen der Rhein.-Westf. Technischen Hochschule Aachen
Zur Stabilitätsprüfung von Regelungssystemen mittels Zweiortskurvenverfahren
1964. 50 Seiten, 12 Abb. DM 35,50

HEFT 1367
Prof. Dr. rer. techn. Fritz Reutter und
Dr. phil. Johannes Knapp,
Institut für Geometrie und Praktische Mathematik der Rhein.-Westf. Technischen Hochschule Aachen
Untersuchungen über die numerische Behandlung von Anfangwertproblemen gewöhnlicher Differentialgleichungssysteme mit Hilfe von LIE-Reihen und Anwendungen auf die Berechnung von Mehrkörperproblemen
1964. 69 Seiten, 4 Seiten tabellarischer Anhang. DM 49,50

HEFT 1374
Prof. Dr. E. Peschl und Dr. Karl Wilhelm Bauer, Institut für Angewandte Mathematik der Universität Bonn,
Rhein.-Westf. Institut für Instrumentelle Mathematik, Bonn
Über nichtlineare Differentialgleichungen 2. Ordnung, die für eine Abschätzungsmethode bei partiellen Differentialgleichungen vom elliptischen Typus besonders wichtig sind
1964. 65 Seiten, 19 Abb. DM 49,80

HEFT 1395
Prof. Dr. rer. techn. Fritz Reutter und
Dr. rer. nat. Dieter Haupt,
Institut für Geometrie und Praktische Mathematik der Rhein.-Westf. Technischen Hochschule Aachen
Untersuchungen auf dem Gebiete der praktischen Mathematik
1964. 85 Seiten, 6 Abb., 10 Tabellen. DM 53,50

HEFT 1489
Prof. Dr. Johannes Blume, Strümp
Nachweis von Perioden durch Phasen- und Amplitudendiagramm mit Anwendungen aus der Biologie, Medizin und Psychologie
1965. 91 Seiten, 50 Abb., 2 Tabellen. DM 54,80

HEFT 1490
Christoph Heinrich und Dr. Joseph Hintzen, Mathematischer Beratungs- und Programmierungsdienst GmbH, Rechenzentrum Rhein-Ruhr, Dortmund
Berechnung längsstarrer Rahmen
Untersuchungen zur Beulwertberechnung von Rechteckplatten
1965. 43 Seiten, 12 Abb. DM 28,80

HEFT 1519
Prof. Dr.-Ing. Wilhelm Fucks und Josef Lauter, Erstes Physikalisches Institut der Rhein.-Westf. Technischen Hochschule Aachen
Exaktwissenschaftliche Musikanalyse
1965. 59 Seiten, 42 Abb. DM 29,80

HEFT 1557
Prof. Dr. Paul Leo Butzer und Dipl.-Phys. Hermann Schulte, Lehrstuhl für Mathematik (Analysis) der Rhein.-Westf. Technischen Hochschule Aachen
Ein Operatorenkalkül zur Lösung gewöhnlicher und partieller Differenzengleichungssysteme von Funktionen diskreter Veränderlicher und seine Anwendungen
1965. 53 Seiten, 3 Abb. DM 49,—

HEFT 1596
Dr. Franz Kolberg, Institut für Mathematik und Großrechenanlagen der Rhein.-Westf. Technischen Hochschule Aachen
Direktor: Prof. Dr. Hubert Cremer
Zur Theorie der Bewegung eines Schiffes bei begrenzten Fahrwasserverhältnissen

HEFT 1690
Dr. rer. nat. Leonhard Gerhards, Rheinisch-Westfälisches Institut für Instrumentelle Mathematik, Bonn
Verallgemeinerte Isomorphie von Gruppenerweiterungen und kanonische Isomorphie Geleisscher Erweiterungskörper
In Vorbereitung

HEFT 1700
Prof. Dr. rer. techn. Fritz Reutter, Dr. rer. nat. Otto Meltzow und Dipl.-Math. Siegfried Stief, Institut für Geometrie und Praktische Mathematik an der Rhein.-Westf. Technischen Hochschule Aachen
Mathematische Untersuchungen zur Schalentheorie
In Vorbereitung

HEFT 1710
Dipl.-Math., Dipl.-Phys. Norbert Latz, Institut für angewandte Physik und Elektrotechnik der Universität des Saarlandes
Direktor: Prof. Dr. G. Eckert
Untersuchungen über ebene Beugungsprobleme elektromagnetischer Wellen für rechtwinklig-keilförmige Gebiete. Ein Beitrag zur Theorie des Strahlungsfeldes dielektrischer Antennen
Joachim Ehrhardt, Institut für angewandte Physik und Elektrotechnik der Universität des Saarlandes
Direktor: Prof. Dr. G. Eckart
In Verbindung mit der Deutschen Gesellschaft für Ortung und Navigation e. V., Düsseldorf
Untersuchungen an dielektrischen Stielstrahlern über den Einfluß der Strahlungskopplung auf deren Fußpunktimpedanz
In Vorbereitung

HEFT 1713
Dipl.-Math. Hartmann Jochen Genrich, Rheinisch-Westfälisches Institut für Instrumentelle Mathematik, Bonn
Die automatische Aufstellung von Schulstundenplänen auf relationentheoretischer Grundlage
In Vorbereitung

HEFT 1730
Josef Lauter, Erstes Physikalisches Institut der Rhein.-Westf. Technischen Hochschule Aachen
Direktor: Prof. Dr.-Ing. W. Fucks
Untersuchungen zur Sprache von Kants »Kritik der reinen Vernunft«
In Vorbereitung

HEFT 1740
Dipl.-Math. Christian Clemens Fenske, Rheinisch-Westfälisches Institut für Instrumentelle Mathematik, Bonn
Beweisprogramme für die Prädikatenlogik und der Vollständigkeitssatz von Beth
In Vorbereitung

HEFT 1741
Dr. rer. nat. Wolfgang Hutter, Rheinisch-Westfälisches Institut für Instrumentelle Mathematik, Bonn
Zur algebraischen Kennzeichnung der Monome über einen Vektorraum
In Vorbereitung

Verzeichnisse der Forschungsberichte aus folgenden Gebieten können beim Verlag angefordert werden:
Acetylen/Schweißtechnik – Arbeitswissenschaft – Bau/Steine/Erden – Bergbau – Biologie – Chemie – Druck/Farbe/Papier/Photographie – Eisenverarbeitende Industrie – Elektrotechnik/Optik – Energiewirtschaft – Fahrzeugbau/Gasmotoren – Fertigung – Funktechnik/Astronomie – Gaswirtschaft – Holzbearbeitung – Hüttenwesen/Werkstoffkunde – Kunststoffe – Luftfahrt/Flugwissenschaften – Luftreinhaltung – Maschinenbau – Mathematik – Medizin/Pharmakologie – NE-Metalle – Physik – Rationalisierung – Schall/Ultraschall – Schiffahrt – Textilforschung – Turbinen – Verkehr – Wirtschaftswissenschaften.

WESTDEUTSCHER VERLAG · KÖLN UND OPLADEN
567 Opladen/Rhld., Ophovener Straße 1–3

If you have any concerns about our products,
you can contact us on
ProductSafety@springernature.com

In case Publisher is established outside the EU,
the EU authorized representative is:
**Springer Nature Customer Service Center GmbH
Europaplatz 3, 69115 Heidelberg, Germany**

Printed by Libri Plureos GmbH
in Hamburg, Germany